WISSEN WOLLEN

Wenn ich an meine Jugendzeit denke, dann sind mir die Hasentreibjagden im Herbst lebhaft in Erinnerung. Es ist kaum zu glauben, dass es innerhalb eines Menschenlebens im Feld still geworden ist.

Es gibt sie noch, die Orte mit geschrumpften, aber noch jagdbaren Besätzen. Doch je weniger es werden, desto mehr Jäger verlieren Fasan, Rebhuhn und Hase aus ihrem jagdlichen Fokus. Es gerät in Vergessenheit, mit welchen einfachen Maßnahmen der Waidmann dem Fasan unter die Schwingen greifen und den Hasen wieder auf die Läufe bringen kann.

Dem wollen WILD UND HUND und die Deutsche Delegation des Internationalen Rates zur Erhaltung des Wildes und der Jagd (CIC) entgegenwirken. Wissenschaftler und erfahrene Praktiker haben einen Leitfaden für den Niederwildjäger zusammengestellt, der zeigt, was wirklich hilft. Wie bewerten Sie Ihr Revier? Welche Deckungsstrukturen gilt es zu erhalten, welche sind wie anzulegen? Wie planen Sie Ihr Jagdjahr und wie viel Wild darf auf der Jagd fallen, ohne dass der Besatz Schaden nimmt? Wie rettet der Heger ein Gelege, und wie hilft er den Not leidenden Feldvögeln über Äsungsengpässe? Sie finden in diesem Heft geballtes Wissen, das sich kein Jäger entgehen lassen sollte, der das klassische Niederwild und die Flintenjagd liebt.

Im Übrigen halten Sie mit diesem WILD UND HUND-Exklusiv ein kleines Jubiläumsheft in den Händen. Seit 20 Jahren bringt die WILD UND HUND-Redaktion neben ihrer Hauptausgabe zwei Mal im Jahr eine Sonderedition zu jagdlichen Spezialthemen heraus. Als Leser beweisen Sie mit Ihrem Interesse an diesen Sonderausgaben, dass Sie Wissen und Kenntnisse vertiefen und Ihre Jagdpraxis verfeinern wollen. Das sind die Grundvoraussetzungen, um die Bedürfnisse von Wildtieren zu begreifen. Ohne diesen Willen, immer wieder zu lernen und zu erfahren, kann es keine waidgerechte Jagd und Jäger geben. Schön, dass es mit Ihnen diesen Jägertypus noch gibt.

Viel Spaß beim Lesen und Waidmannsheil wünscht Ihnen

Heiko Hornung
Chefredakteur WILD UND HUND

Inhalt

Was kann der Jäger im Herbst bedenkenlos erlegen? Dr. Thomas Gehle fasst zusammen, worauf Sie bei der Treibjagd achten sollten.

Foto: Michael Breuer

Wer jagen will, muss vorher zählen, um zu wissen, was die Besätze hergeben. Wir sagen Ihnen, welche Erfassungsmethoden sich für Hase, Fasan und Rebhuhn in der Praxis bewährt haben.

Foto: Michael Breuer

Foto: Elmar Eickhoff

Über Jahre bestehende Strukturen sind die Grundlage für gute Niederwild-Lebensräume. Lesen Sie, für welche vorhandenen Sie sich einsetzen sollten und wie Sie neue schaffen.

Jährlich wird unzähliges Niederwild und dessen Nachwuchs ausgemäht. Was der Jäger dagegen tun kann, schildert Revieroberjäger Elmar Eickhoff.

Foto: Ulf Muuß

Inhalt

Hase Fasan Rebhuhn

Foto: shutterstock.com

DIE JAGD

Treibjagden sind der Höhepunkt im Niederwildrevier. Wie Sie darauf hinarbeiten und worauf Sie bei der Jagd achten müssen, um stabile Besätze zu behalten, lesen Sie in diesem Kapitel.

Foto: Michael Breuer

RAUBWILDJAGD

Die einzige Stellschraube, an der allein der Jäger drehen kann, um dem Niederwild zu helfen, ist das Reduzieren der Beutegreifer. Wo und wie Sie zu welcher Jahreszeit Strecke machen, zeigen Peter Schmitt und Simon Obermeier.

OHNE gehts nicht

Jegliche Hegebemühungen wie Lebensraum verbessernde Maßnahmen kommen nur richtig zum Tragen, wenn gleichzeitig Beutegreifer ausreichend reguliert werden.

Sieht man von der ganzjährigen Gefahr für ausgewachsenes Niederwild durch den Habicht ab, treten die gravierendsten Verluste bei Hase, Fasan und Rebhuhn in der Brut- beziehungsweise Setz- und Aufzuchtzeit auf. Der Fraßbedarf junger Räuber ist dann besonders hoch. Zudem sind fest brütende Hennen und junges Niederwild eine leichte Beute. Deshalb muss es das Ziel des Jägers sein, den Beutegreiferdruck so weit wie möglich zu mindern. Je früher im Jahr damit begonnen wird, desto besser. Denn einem erlegten Jungfuchs muss kein Fraß mehr zugetragen werden.

Wer eine hohe Raubwildstrecke erreichen möchte, muss über das Jahr hinweg sämtliche Jagdmethoden nutzen. Zwar bietet der am Luder geschossene Winterfuchs einen schönen Balg. Um dem Niederwild zu helfen, ist das allein aber zu wenig. Ansitz, Lock-, Boden- und Fangjagd, Fuchstreiben, Marder ausklopfen – es gibt viele effektive und reizvolle Möglichkeiten.

Foto: Jan Wagner

FUCHS

Die Jagd auf die Rotröcke ist in vielen Bundesländern fast das ganze Jahr über möglich – Elterntiere natürlich ausgenommen. Besonders gute Jagdzeiten auf Füchse sind immer dann, wenn das Wild aktiv ist. Denn dann zeigt es sich dem Jäger. Ab April/Mai sind Jungfüchse vor den Wurfbauen zu sehen. Egal ob man diese dort mit Büchse, Flinte oder Jungfuchsfalle erlegen will, grundsätzlich gilt: Alle Jungen eines Gehecks sollten Sie bei einer Jagd erwischen. Andernfalls wechselt die Fähe mit den verbliebenen den Aufenthaltsort, kurz nachdem der Jäger weg ist. Diesen neuen Unterschlupf findet man nur selten. Zudem hätten ohnehin nicht alle Welpen des Gehecks die ersten Lebenswochen überlebt. Der jagdliche Eingriff wäre somit keine wirkliche Reduktion.

Ab Juni sieht man sowohl Alt- als auch Jungfüchse vermehrt auf frisch gemähten Wiesen oder in Raps- oder Getreidefeldern. Der Ansitz dort – gegebenenfalls mit Locken kombiniert – lohnt sich. Darüber hinaus kann man auch beim Durchdrücken der Schläge Strecke machen. Später im Sommer sind Stoppelfelder ein wahrer Fuchsmagnet. Ab Oktober sollten Sie beginnen, Feldgehölze oder Schilfflächen durchzudrücken und etwa Dränage-

Dort stecken die Rotröcke – die besten Plätze

1 Ab Juni ziehen Fähe und Welpen oft vom Wurfbau in nahe Getreidefelder um. Nach der Ernte sind die Stoppelfelder wahre Anziehungspunkte (Locken lohnt!).

2 Besonders frisch gemähte Wiesen ziehen Füchse an. Sie suchen dort nach Mäusen und durch die Mahd verletztem oder getötetem Wild.

3 In Rapsschläge ziehen sich Sommerfüchse gerne tagsüber zurück. Der Morgen- oder Abendansitz an der Raps-Grünland-Grenze lohnt immer. Lockinstrumente nicht vergessen!

4 Vor allem im Herbst kann die Fangjagd in Maisschlägen zu guten Strecken führen.

5 Einzelne Bäume oder Steine im Grünland suchen Füchse zum Markieren regelmäßig auf. Sie erkennen am Urin das Geschlecht und sogar die Stärke des Artgenossen.

6 Hütten, Strohballenlager oder Feldgehölze sind in Revieren mit hohem Feldanteil tagsüber ein beliebter Aufenthaltsort von Reineke.

7 Am Bau: Auf Welpen im Frühjahr, Baujagd mit dem Erdhund im Winter – effizienter geht es kaum!

8 Drücken Sie vor allem ab Herbst Dickungen durch. Hier gilt grundsätzlich: Je dichter, desto eher stecken die Rotröcke.

9 Wege und deren Ränder nutzen Füchse gerne bei der Nahrungssuche und für weite Wanderungen.

10 Insbesondere im Winter bei Schnee ist der kontinuierlich beschickte Luderplatz ein Fuchsmagnet (immer frisches Luder, Gesetzeslage beachten!)

Dort lohnt sich der Ansitz: Im Sommer sind frisch gemähte Wiesen ein wahrer Fuchsmagnet.

Foto: Jürgen Gauß

rohre oder Strohballenlager zu kontrollieren. Dort steckt Reineke im Herbst gerne einmal tagsüber. In der Ranzzeit (Januar/Februar) kann der Ansitz und das Locken mit dem Ranzbeller zum Erfolg führen. Zudem können in dieser Zeit bei der Baujagd pro Bau schnell mehrere Füchse erlegt werden. Im Winter gilt darüber hinaus: Je kälter es wird, desto mehr ziehen Luderplätze die Rotröcke an. Sternförmige Schleppen In Richtung dieser Einrichtungen, etwa mit Aufbruch oder Ähnlichem, können deren Attraktivität noch erhöhen.

DACHS, WASCHBÄR, MARDERHUND

Diese drei Arten haben eigentlich wenig miteinander zu tun. Während der Dachs heimisch ist, kommt der Waschbär ursprünglich aus Nordamerika, der Marderhund aus Asien. Neben der hell-dunklen Maske haben sie aber noch eine Gemeinsamkeit: Sie sind Allesfresser. Ausgewachsenes Niederwild muss sich vor ihnen nicht fürchten. Aber sie stellen eine Bedrohung für das Jungwild und vor allem für Gelege von Bodenbrütern dar.

Grimbart lässt sich gut an seiner Burg oder auf den Pässen von dort in die Feldflur erlegen. Im Sommer fährt er meist noch im Hellen aus. Diese kurze Spanne sollte genutzt werden. Ab Herbst muss man sonst auf den Mond warten. In manchem Bundesland sind Jungdachse ganzjährig frei. Bereits ab Mai sollten Sie dann an den Burgen Stellung beziehen. Dachse lassen sich mit Mais oder Obst auch gut ankirren.

Während Grimbart immer an einen Bau gebunden ist, sind Waschbär und Marderhund in dieser Hinsicht breiter aufgestellt, wobei der Enok ebenso in Bauen angetroffen wird. Die Letztgenannten haben einen Hang zu Gewässern und Nasszonen. Im feuchten Untergrund lassen sie sich dort über ihre Brantenabdrücke bestätigen. Als ausgesprochener Kulturfolger zieht es Waschbären auch in Siedlungen. Dort macht er sich über Obstgärten, Haustierfutter und Abfälle her. An allen Stellen, an denen Hausmüll und Essensreste anfallen oder gelagert werden, kann mit dem nordamerikanischen Räuber gerechnet werden.

Bei Waschbär und Dachs beschränken sich die jagdlichen Möglichkeiten hauptsächlich auf den Ansitz und die Fangjagd. Der Marderhund hingegen lässt sich gleich dem Schwarzwild auch bei der Maisernte bejagen, da er die Schläge als Einstand nutzt. Auch bei Schilftreiben mit Hunden lässt sich der Enok gezielt bejagen. Oft sind Marderhunde in Paaren unterwegs. Haben Sie einen erlegt, ist nicht selten auch ein zweiter in der Nähe.

Foto: Michael Migos

Dachs mit Apfel: Fallobst zieht alle drei Maskenträger an.

Foto: Silvio Heidler

Waschbären halten sich gerne in Kronen alter Eichen auf.

Foto: Michael Stadtfeld

Bei der Erntejagd am Mais lässt sich auf Enok Strecke machen.

Grafiken: Sarah Puderbach

Dachs, Waschbär, Maderhund – hier tauchen sie auf

1 Gerade Dachs und Marderhund verbringen viel Zeit in Bauen. Bei der Bodenjagd bedeutet das fast immer einen Einschlag. Strecke lässt sich in der späten Dämmerung und nachts per Ansitz an den Ausfahrten machen.

2 In Schilf- und Feuchtgebieten halten sich Waschbär und Marderhund regelmäßig auf. An ihren Pässen lohnt sich der Ansitz. Auch das Durchdrücken mit Hunden führt dort zum Erfolg.

3 Als Allesfresser zieht es alle drei Arten in Obstgärten und Streuobstwiesen. Der Abend- und Nachtansitz sind dort am Erfolg versprechendsten.

4 Vor allem Dachs und Marderhund mögen Maisschläge. Der Enok nutzt sie auch als Einstand. Lohnend ist der Abendansitz am Schlagrand, beim Marderhund auch die Erntejagd. An der Maiskirrung ist mit allen dreien immer zu rechnen.

5 Waschbär und Marderhund passen gerne an Gewässerrändern. Durch Spüren am feuchten Ufer kann deren Anwesenheit bestätigt werden.

6 Der Waschbär scheut menschliche Bauten nicht. Vor allem alte Scheunen, Ställe und Hütten nutzt er gerne als Behausung. Sie sollten regelmäßig auf seine Anwesenheit kontrolliert werden.

7 Alte, große Laubbäume – vor allem Eichen – mit ausladenden Kronen und Astlöchern sowie hohlen Stammabschnitten werden vom Waschbär als Unterschlupf und Sonnenterrasse genutzt. Mit der Flinte kann man ihn dort erlegen.

8 Müllkippen bieten allem Raubwild ausreichend Nahrung. Vor allem Waschbär und Enok lassen sich dort regelmäßig antreffen.

9 Dasselbe gilt für Waldparkplätze. Besonders der Waschbär macht sich über die Mülleimer und Essensreste her.

10 Dränagerohre und Straßendurchlässe sollten regelmäßig auf alle drei Wildarten kontrolliert werden.

Optimale Fallenstandorte

1 Strohmieten werden besonders von Fuchs und Marder als Versteck genutzt. Die hohe Dichte an Mäusen lockt alle Räuber.

2 Verlassene Scheunen und Ställe bieten vor allem Marder und Waschbär Unterschlupf. Die dort vorhandenen Mäuse locken zudem den Fuchs an.

3 Geflügelzuchtanlagen und Kleintierstallungen ziehen jegliches Raubwild magisch an, besonders wenn die Anlagen am Dorf- oder Stadtrand liegen.

4 Grünschnitt- und Kopostieranlagen werden von Ratten und Mäusen bewohnt. Häufig mitentsorgte Tierstreu lockt zusätzlich.

5 Die Umgebung von Waldparkplätzen und Straßenböschungen dient vor allem Fuchs und Waschbär als „Abfall-Kirrung".

6 Durchlässe und Fundamente von Brücken bieten dem Raubwild Deckung, Ratten und Abfälle reiche Beute.

7 An Misthaufen finden sich immer Schnecken und Mäuse. Die gärenden Haufen gefrieren nicht durch, weshalb sie im Winter vom Raubwild gerne aufgesucht werden.

8 An Bauen kann mit Jungfuchsfallen frühstmöglich Strecke gemacht werden. Auch Dachse fangen sich in der direkten Umgebung recht leicht. Kunstbaue können mit Fangsystemen ausgerüstet werden.

9 Gewässerränder und -übergänge werden von allem Raubwild gerne aufgesucht. Schilf- und Feuchtgebiete bieten Marderhund, Waschbär und Fuchs Unterschlupf.

10 Zäune verkörpern ideale Zwangspässe für Durchlauffallen.

11 Knicks und Feldgehölze dienen dem Raubwild als Wegenetz und Deckung in der Feldflur.

12 Fichtenstangenhölzer werden von Tauben als Nist- und Schlafplätze genutzt. Das zieht Stein- und Baummarder an.

13 Wieselwippbrettfallen sollten ab August in Strukturen wie Steinhaufen in der Feldflur integriert werden. Wegedurchlässe und Ackerfurchen sind ebenfalls gute Standorte.

14 Kirrungen locken neben Sauen auch Dachs, Waschbär, Marderhund und Mäuse an. Letztere wiederum Marder und Fuchs.

FANGJAGD

Sämtliche Raubwildarten sind nicht nur äußerst vorsichtig und misstrauisch, sondern – abgesehen vom Wiesel – auch vorwiegend nachtaktiv. Die ohnehin schon anspruchsvolle Jagd mit Flinte und Büchse bei Nacht ist also vom Mond abhängig. Das heißt, dass die Räuber den größten Teil des Jahres unbehelligt durchs Revier streifen würden, wenn da nicht die Fangjagd wäre. Fallen ersetzen den Jäger bei Abwesenheit im Revier. Mit dem Jungfuchsfang im späten Frühjahr bis zum Ende der Raubwildsaison, dem 28. Februar, kann fast das ganze Jagdjahr Strecke gemacht werden. Die Wahl des Fallen-Modells richtet sich nach den Zielwildarten und der Fangmethode. So sind etwa entlang von Zäunen und Knicks eher Durchlauffallen sinnvoll. Bei der Köderwahl haben sich vor allem Räucherfisch, Katzen- und Hundefutter sowie Süßzeug bewiesen. Beim Fang von Mardern geht nichts über das Ei. Neben der Fallenwahl, dem richtigen Einbau und attraktiven Ködern ist vor allem der Standort für gute Strecken entscheidend. Mehr zum Thema Fallenstellen lesen Sie im WILD UND HUND-Exklusiv 44 „Moderne Fangjagd“.

Gute Jagdplätze für Krähenvögel

1 Ab Juli beginnt die Getreideernte. Gerade auf den Stoppelfeldern fallen Krähen in den Tagen danach gerne ein.

2 Beim Grubbern oder Pflügen kommen Würmer und Insekten an die Oberfläche – ein gefundenes Fressen. Solche „umgedrehten“ Äcker sind perfekte Plätze für die Lockjagd. Die Attraktivität nimmt aber schon nach wenigen Tagen wieder deutlich ab.

3 Frisch gemähte Wiesen ziehen die Vögel an. Sie suchen dort nach Würmern und durch die Mahd verletztem oder getötetem Fallwild.

4 An gegüllten oder frisch gemisteten Flächen lohnt es sich, das Lockbild aufzubauen. Einfach am Rand der Fläche die Attrappen platzieren, dann stehen diese nicht direkt in der Gülle oder dem Mist. Die Vögel kommen dennoch.

5 Hecken bieten sich bei der Krähenjagd als Standort für den Tarnschirm an. Zudem sind dort auch Elstern gerne in größerer Zahl. Das Umstellen mit zwei, drei Jägern lohnt also, wenn man die Schwarz-Weißen darin sieht.

6 Krähen und Elstern halten sich oft siedlungsnah auf. Gerade dort können Abfälle, wie Plastiktüten oder Verpackungen, die Attraktivität des Lockbildes erhöhen.

7 Misthaufen auf dem Feld sind ein Krähen- und Elsternmagnet, vor allem im Winter.

8 Auf Viehkoppeln suchen die Vögel in den Hinterlassenschaften nach Insekten und Würmern. Hier kann man etwa mit der kleinen Kugel Beute machen, wenn das Vieh weg ist.

9 Silos oder Kompostieranlagen ziehen in der nahrungsarmen Zeit Krähenvögel immens an.

10 Als Schlafbäume nutzen Krähen Randbäume, Elstern Feldgehölze. Dort kann man sie abends erwarten. Sind Elstern eingefallen, streichen sie im Dunkeln nur ungern ab. Sie flüchten innerhalb des Gehölzes – oft eine leichte Beute.

Foto: Peter Schmitt

Wer erwischt Marder schon beim Ansitz? Die Falle fängt auch heimliche Räuber.

Foto: Michael Migos

Stoppelfelder werden von den Rabenkrähen gerne angenommen. Dort können Sie reichlich Strecke machen.

KRÄHEN UND ELSTERN

Am erfolgreichsten sind meist die Jagden zu Beginn der Saison mit dem freundlichen Lockbild. Denn die vor Kurzem flügge gewordenen Jungkrähen sind noch unerfahren und unvorsichtig. Insofern reicht zunächst ein einfaches Lockbild von mindestens zehn beflockten Vollkörperattrappen und eventuell einem Krähen-Karussel aus. Perfekte Plätze für diese Jagd sind Flächen, die frisch landwirtschaftlich bestellt wurden. Je weniger davon noch im Revier vorhanden sind, desto mehr konzentrieren sich die Krähen darauf. Dort gilt es, schnell zu reagieren und Strecke zu machen. Ein guter Kontakt zu den Landwirten hilft dabei immens, denn man weiß frühzeitig, wo welche Maßnahme geplant ist. Je erfahrener die Krähen werden und je öfter bereits gejagt wurde, desto mehr muss das Lockbild variiert werden. Es bietet sich etwa an: die Anzahl der Attrappen oder Krähen-Magneten zu erhöhen, das Muster zu verändern, sogenannte Vertrauens-Lockvögel, wie Möwen- oder Ringeltaubenattrappen zu verwenden oder Luder (sofern es die Gesetzeslage erlaubt) zu integrieren. Gerade in der kalten Jahreszeit sind Silos oder Kompostierungsanlagen eine hochattraktive Nahrungsquelle und ein guter Jagdplatz. Bei der Lockjagd können zudem Elsterattrappen etwa in umstehenden Hecken platziert werden. So kann man auch die eine oder andere Schwarz-Weiße erbeuten. Die Jagd an den Schlafbäumen ist sowohl für Elstern als auch Rabenkrähen eine gute Ergänzung. Pärchen und Einzelvögel können zudem mit der kleinen Kugel erlegt werden.

DIE GOLDENEN REGELN

AUF HASE, FASAN UND REBHUHN

Die herbstliche Jagd steht vor der Tür. Sie haben die Besätze erfasst und wissen, in welchen Revierteilen das Wild steckt. Wie Sie nun einschätzen können, wie viele Stücke erlegt werden dürfen, zeigt Dr. Thomas Gehle.

Ob eine Art bejagbar ist oder nicht, richtet sich danach, wie häufig sie ist – nicht nach dem Interesse, sie zu nutzen, zu töten, Wildschäden oder Krankheiten zu vermeiden.

Kommt sie aber in bejagbaren Dichten vor, fördert eine nachhaltige Jagd sogar deren Reproduktionsleistung. Das bedeutet, es erreichen gegenüber einem Jagdverzicht mehr Jungtiere die nächste Generation. Diese können wiederum genutzt werden. Der Anteil erlegter Stücke ist dann kompensatorisch, das heißt, sie wären auch ohne die Entnahme verendet (kompensatorische Sterblichkeit). Mit wachsender Wilddichte steigt dagegen ohne Jagd auch das Risiko von auftretenden Infektionskrankheiten. Folgt darauf ein Massensterben, wird die Art meist vorübergehend selten, Überlebende kümmern. Erlegt der Jäger im Rahmen der Gesamtsterblichkeit jedoch Stücke, verzögern sich solche Massenwechsel oder treten nur gedämpft auf. Nachhaltige Nutzung verbessert also die Vitalität der Überlebenden. Dabei darf aber nicht mehr entnommen werden als nachwächst. Deshalb gilt für Hase, Fasan und Rebhuhn: Erst zählen, dann ernten!

Einfach loszujagen ist aber trotz vorangegangener Besatzerfassung nicht sinnvoll. Denn Sie müssen wissen, wie viele Hasen, Fasane oder Rebhühner entnommen werden können.

oto: Burkhard Winsmann-Steins

FELDHASE

Obwohl seit Langem bekannt ist, dass der Feldhase auf eine scharfe Bejagung sehr empfindlich reagiert, lesen wir in kaum einem Ratgeber den obersten Grundsatz der Hasenjagd: Erlegen Sie nicht mehr als ein Drittel des Herbstbesatzes! Bereits 1849 schreibt der Niederwildfachmann Carl Emil Diezel: „Selbstverständlich kann es sich bei einer Wildart, die so klein ist, daß man die einzelnen Individuen schwer voneinander unterscheidet, [...] nur um eine ungefähre Schätzung des Wildstandes handeln [...]. Von dem Ergebnis ist derart Gebrauch zu machen, daß man sagt, es ist ein Drittel der Zahl von Hasen übrig zu lassen, die man am nächsten Tage zu erlegen rechnet."

Wie richtig Diezel lag, konnte 2006 in Nordrhein-Westfalen gezeigt werden. Sowohl im Frühjahr und Winter als auch kurz vor den Herbstjagden wurden die Besätze in mehreren benachbarten, grünlanddominierten Jagdbezirken am Niederrhein mit Hilfe der Scheinwerfertaxation gezählt.

In den meisten dortigen Revieren wurde zuvor gejagt, ohne die Größe des Herbstbesatzes genauer zu kennen. Nach den ersten Zählungen wurden im Beispiel-Jagdbezirk A jedoch die Treibjagden auf den Herbstbesatz abgestimmt, im Revier B nicht. Während die Jäger im Jagdbezirk A durchschnittlich nur 16 Prozent des taxierten Herbstbesatzes erlegten, lagen im Jagdbezirk B 47 Prozent auf der Strecke (siehe Grafik S. 19). Von den taxierten Revieren nahm nur der Besatz aus Revier B ab, in allen anderen Revieren stieg der Hasenbesatz an, im Mittel um mehr als ein Viertel von 29 auf 37 Hasen pro 100 Hektar (ha).

Um zu planen, ist also der Herbstbesatz direkt vor der Jagd maßgebend, nicht der Frühjahrs- oder Stammbesatz. Zwar ist

Fotos: Michael Breuer

Für die Jagdplanung beachten: Bei Kesseltreiben (im Bild) werden über die Hälfte der Hasen erlegt. Schonender wäre etwa ein Vorstehtreiben.

Gleich sind die Treiber durch: Pro Saison sollte ein Revierteil nur einmal bejagt werden.

Die Art der Jagd entscheidet: Vergleich der Besatzentwicklung beim Feldhasen in zwei Revieren

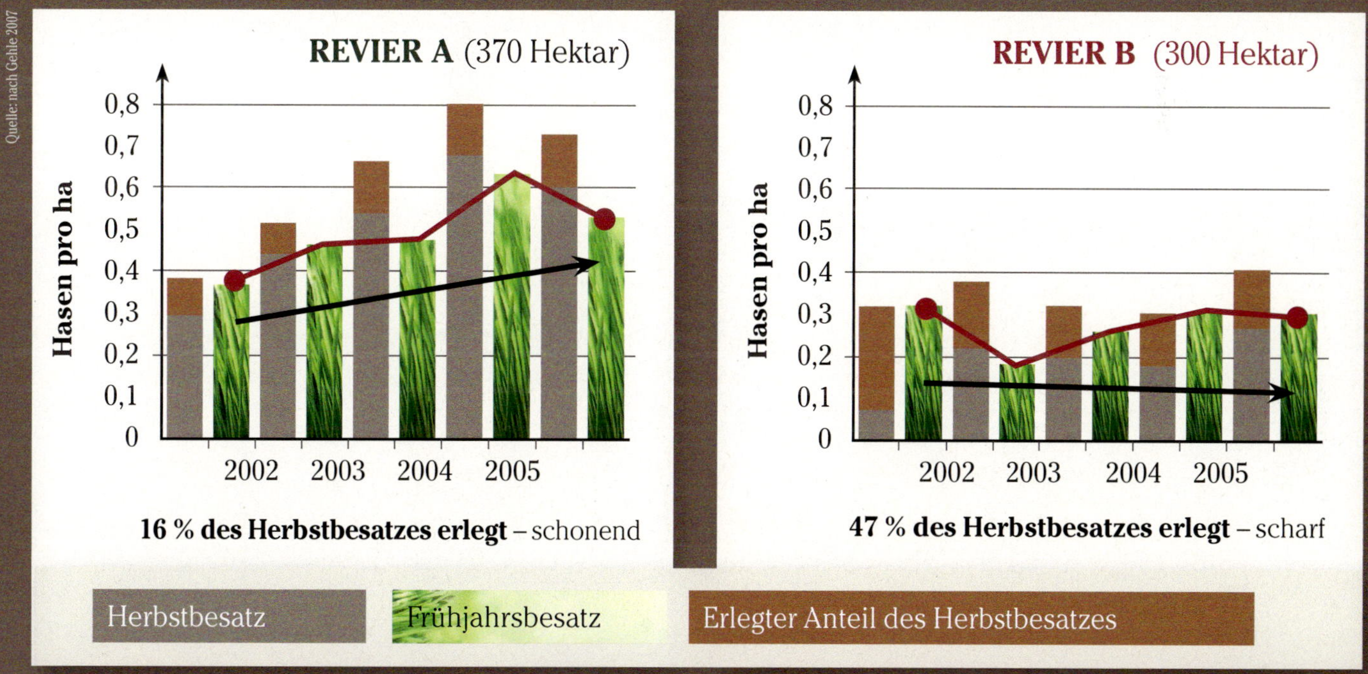

In dem moderat bejagten Revier A wurden 16 Prozent des Herbstbesatzes abgeschöpft. In Revier B wurde fast die Hälfte davon erlegt. Über den Untersuchungszeitraum nahm in Revier A der Besatz daher auch zu (siehe rote Verlaufskurve und schwarze Besatztrend-Linie). In Revier B hingegen sank der Hasenbesatz.

der Herbst- vom Frühjahrsbesatz abhängig – ohne Frühjahrshasen gibt es natürlich keine Herbsthasen. Doch da gerade Krankheiten und Beutegreifer die Junghasensterblichkeit wesentlich mitbestimmen, können im Herbst deutlich weniger Hasen leben als im Frühjahr.

Die Größe des Herbstbesatzes bestimmt die Anzahl an Schützen, Treibern, Hunden, Treiben sowie die Dauer der Jagd und die bejagbaren Revierteile. Werden vor der Jagd zum Beispiel 200 Hasen bestätigt, können bedenkenlos 60 bis 70 erlegt werden. Ist diese Strecke bereits nach vier von sechs Treiben erreicht, ist die Hasenjagd zu beenden. Entweder trifft man sich dann früher zum Schüsseltreiben oder man hat mit reizvollen Alternativen für seine Jagdgäste vorgesorgt: Man geht auf Enten, Kaninchen, Gänse oder gezielt auf den Fuchs.

Die Frage, unter welchen Bedingungen sich eine Hasenjagd verbietet, ist eher eine Frage der Ethik als eine wildbiologische. Bei einem Herbstbesatz von 30 taxierten Hasen wird hoffentlich niemand mehr auf die Idee kommen, eine ganztägige Treibjagd zu veranstalten. Doch kann sich auf einer kleinen Streife zu zweit jeder seinen Hasen gönnen. Oder der Küchenhase wird vom Ansitz oder vor dem Hund erlegt. Bejagungsverzicht jedenfalls hilft nicht. Dies zeigen beispielsweise Erfahrungen aus der Schweiz. Kantone ohne Bejagung unterschieden sich bezüglich der Hasendichte und Besatzentwicklung nicht von denen mit Jagd. Auch beim Hasen gilt der oben genannte Grundsatz: Jagd fördert die Vermehrung. Moderat betrieben ist sie daher kompensatorisch.

Die effektivsten Treiben sind die Kessel. Meist werden mehr als die Hälfte aller Hasen im Kesseltreiben erlegt. Bei Vorstehtreiben werden nie mehr als die Hälfte aller vorkommenden Hasen geschossen. Das sollten Sie beim Planen des Jagdtages unbedingt beachten.

Foto: Sven-Erik Arndt

Daraus ergeben sich drei goldene Regeln:

- Taxieren Sie ein bis zwei Wochen vor der geplanten Jagd den Herbstbesatz mit dem Scheinwerfer.
- Beim Einsatz aller Jagdarten, wie Streife, Vorsteh- oder Kesseltreiben, nicht mehr als ein Drittel des erfassten Herbstbesatzes erlegen.
- Revierteile nur einmal pro Saison bejagen.

Ist die angepeilte Hasenstrecke bereits nach den ersten Treiben erreicht oder hängen zu viele alte Fasanenhähne, gilt vorzeitig für die Art „Hahn in Ruh'".

So wie sich der Besatz ausschließlich über den Erfolg von Brut, Schlupf und Jungenaufzucht, also über die Fähigkeiten der Hennen, rekrutiert, so traditionell ist die Regel, Hennen zu schonen und nur auf Hähne zu jagen. Das Geschlechterverhältnis im Gelege ist eins zu eins. Aus Feldbeobachtungen wissen wir, dass sich um einen Hahn bis zu zehn Hennen sammeln. Bei zunehmendem Besatz sind Hennen während der Brutzeit einer deutlich höheren Sterblichkeit ausgesetzt als Hähne. Trotz der kontrovers geführten Diskussion um das „richtige" Geschlechterverhältnis scheint ein Verhältnis zwischen eins zu drei und eins zu sieben für bejagte Besätze ohne nachteiligen Einfluss zu sein. Daran können Sie sich orientieren.

Eine alter Jägerspruch lautet: „Hast du 100 Hennen, kannst du 100 Hähne schießen." Rechnet man diese Regel mithilfe der uns heute bekannten populationsbiologischen Kenngrößen nach, so ist sie sehr optimistisch. Zu empfehlen ist für ein normales Fasanenjahr (300 Prozent Zuwachs, Geschlechterverhältnis eins zu fünf, Gesamtsterblichkeit 60 Prozent), lediglich 60 bis 70 Hähne zu erlegen. Denn wenn wir uns analog vorstellen, dass nur jede zweite Henne einen Jungvogel bis in den Herbst durchbringt, schmilzt der Zuwachs von ehemals 300 auf 43 Prozent. Genau um diesen Anteil nimmt auch der Besatz ab. Es gehen dann nur noch 60 bis 70 Fasane ins kommende Frühjahr. Und wer möchte da noch die letzten zehn oder zwölf Hähne bejagen?

Foto: Michael Migos

Drei goldene Regeln sind zu beachten:

- Ab Juli macht man sich in den besten Revierteilen ein Bild von der Anzahl der Gesperre (vgl. Besatzerfassung an Fütterungen).
- Hähne erlegen, bis das Verhältnis von eins zu vier erreicht ist. Winterverluste sind mit einzurechnen.
- Stellen Sie die Jagd ein, wenn nach der ersten Jagd von zehn Hähnen mehr als fünf alte auf der Strecke liegen und nicht mehr als eine Henne pro Hahn hochgemacht wurde.

Richtig gemacht: Der Schütze lässt die Fasanenhenne unbehelligt vorbeistreichen. Konzentrieren Sie sich auf die Hähne, und schonen Sie die Hennen.

So nicht: Eine Kette Rebhühner streicht ab. Der Schütze beschießt den vordersten Vogel – oft ein erfahrenes Althuhn.

REBHUHN

Etwa ein Drittel aller Paare führt kein Gesperre und etwa ein Drittel Anfang August noch Küken im Alter von unter zwei Wochen. Im Leinetal bei Göttingen (Niedersachsen) schlüpfen aktuell die Küken im Mittel erst um den 8. Juli.

In den 1960er-Jahren wog in der Slowakei die Hälfte aller Hühner im August noch unter 300 Gramm, im Oktober jedoch mehr als drei Viertel der Hühner über 350 Gramm. Wer also vitale Hühner nutzen möchte, sollte daher vorrangig im November jagen. Natürlich auch, um Hühner zu erlegen, die bis zum Frühjahr ohnehin Fallwild geworden wären.

Üblich ist die Suche nach Völkern oder Ketten mit dem Gebrauchshund. Das macht man am besten mit zwei Schützen. Ein dritter Jäger hat die Aufgabe, abstreichende und beschossene Hühner genau zu beobachten (siehe Kapitel Nachsuche).

Von Suche zu Suche wird gewechselt. Die Hühner halten bei sonnigen, schwach windigen Tagen besonders gut. Regen ist ungünstig, auch für das Finden durch die Hunde. Das zuerst aufstehende Huhn wird nicht beschossen. Es könnte sich um ein erfahrenes Althuhn handeln. Neben der Suche kann man sich natürlich die Hühner auch zudrücken oder auf der Treibjagd mitbejagen.

Da die Verluste innerhalb der Ketten bis zu 70 Prozent betragen können, wurde bereits früher empfohlen, Ketten mit einer Stärke zwischen acht und elf Hühnern voll zu schonen und nur deutlich kleinere und größere zu beschießen. Der Grund: Mittelgroße Ketten verkraften nicht zugleich Winterverluste und Bejagung.

Wer über die Hühnerjagd nachdenkt, muss auf 100 ha Offenlandfläche mindestens vier Paare verhört haben. Ohne den leichten Überhang unverpaarter Hähne mitzuzählen (Verhältnis etwa 1 zu 1,3), verdreifacht sich der Besatz (200 Prozent Zuwachs) bei fünf bis sechs Küken pro führender Henne. Der Herbstbesatz besteht dann aus 24 Hühnern. Vier können davon erlegt werden. In Südengland stieg bei Frühjahrsdichten unter vier Paaren pro 100 ha das Risiko immens an, dass Hühner nach der Jagd in Nachbarreviere verstreichen.

Rebhuhnpaar im Frühjahr: Mindestens vier davon pro 100 Hektar müssen Sie bestätigen, um überhaupt eine Hühnerjagd im Herbst in Erwägung zu ziehen.

Fotos: Sven-Erik Arndt; Simon Obermeier (o.)

Vier goldene Regeln lassen sich ableiten:

- Verhören der Paare im Frühjahr, Erfassen von Anzahl und Stärke der Ketten kurz vor der Jagd (vgl. Besatzerfassung)
- Faustregel pro 100 ha Offenland: Werden vier Paare verhört, können im Normalfall vier Hühner erlegt werden.
- Nicht mehr als 20 Prozent des Herbstbesatzes erlegen!
- Fällt die Herbstdichte auf 100 ha unter 20 Hühner, ist „Hahn in Ruh".

GESCHOSSEN, GETROFFEN, GEFUNDEN

NACHSUCHE AUF NIEDERWILD

Die Nachsuche auf mit Schrot beschossene Feldhühner und Hasen stellt besondere Herausforderungen an Hund und Führer. Revieroberjäger Elmar Eickhoff zeigt, was beim Hasen beachtet werden sollte, Revierjagdmeister Sascha Schmitt, auf was es bei Fasan und Rebhuhn ankommt.

FELDHASE

Die Nachsuche auf den Feldhasen ist eine klassische Aufgabe für unsere Vorstehhunde. Aufgrund seines Gewichts von bis zu 4,5 Kilogramm und seiner Schnelligkeit, muss der Nachsuchenhund über die körperlichen Voraussetzungen verfügen, den Hasen gegebenenfalls über eine Strecke von über einem Kilometer zu verfolgen, zu greifen und zu apportieren.

Da solche Nachsuchen lange dauern können, sollten sie von einer separaten Nachsuchengruppe, die unabhängig von dem Treibjagdablauf agieren kann, durchgeführt werden. Denn für eine erfolgreiche Nachsuche braucht das Gespann unbedingt Ruhe und Zeit. Die Hundeführer sollten ortskundig, durch Revierfahrzeuge beweglich, durch Handy oder besser per Funk mit der Jagdleitung verbunden und für Fangschüsse bewaffnet sein.

Die klassische Hasenjagd wird in der weitläufigen Feldflur durchgeführt. Deshalb sollte die Nachsuchengruppe das Treiben von einer exponierten Stelle aus betrachten und Anschüsse und Fluchtrichtung von kranken Hasen beobachten, um nach dem Abblasen mit der Nachsuche zu beginnen. Ein leichtes Pirschglas hilft, Hase, dessen Fluchtrichtung und Hund besser beobachten zu können.

Die Gespanne besprechen mit dem Jagdleiter und den Schützen die verschiedenen Nachsuchen am besten vor Ort oder über Funk. Der jeweilige Schütze sollte das Zeichnen, den Anschuss und die Fluchtrichtung genau beschreiben und somit den Nachsuchenführer einweisen.

Wichtig ist, dass der Überblick über den weiteren Ablauf der Treibjagd beibehalten wird und Nachsuchen nicht in noch anstehenden Treiben durchgeführt werden. Für den Fall sollten die Treiber und Schützen informiert werden, um während der Jagd darauf zu achten.

Nachsuchenführer sollten „wesensfest" und verlässlich sein sowie die Flinte ausschließlich zum Erlegen von kranken Hasen benutzen. Es gibt leider manchmal Hundeführer, die das Vertrauen des Jagdleiters missbrauchen und anstatt des kranken Hasen einen gesunden erlegen, sich mit falschen Federn schmücken und den kranken Meister Lampe seinem Schicksal überlassen, nur um schnell wieder mitjagen zu können.

Hundeführer, die zur Nachsuche eingeteilt sind, können beim ersten Treiben auch mitjagen oder hinter Schützen ohne Vierläufer stehen und gegebenenfalls während des Treibens den Hund

Zu weit hinten (r.). Jetzt muss sich der Schütze den Anschuss einprägen. Die Einweisung des Nachsuchenführers erfolgt im Idealfall vor Ort (l.).

Fotos: Michael Breuer, Sven-Erik Arndt (r.)

direkt hinter angebleiten Hasen herschicken. Auch Hunde der Schützen können so schon während des Treibens kranke Hasen nachsuchen. Das hat den Vorteil, dass der Hund den angebleiten Mümmelmann sieht und meist schnell zum Erfolg kommt. Dabei muss aber abgesprochen werden, wann welcher Führer seinen Hund schnallt. Sonst kann es zwischen den vierläufigen Jagdgehilfen zu unnötigen Auseinandersetzungen kommen, die auf dem Rücken des kranken Wildes ausgetragen werden. Heute ist es vielfach üblich, dass die Treiber durch Hundeführer ersetzt oder ergänzt werden, die dann natürlich mitjagen. Nachsuchen von Durchgehschützen unterbrechen aber den Ablauf einer Treibjagd. Der Zeitplan wird durcheinandergebracht, wenn die Treiberwehr auf jeden Nachsucher warten muss. Außerdem verlässt der Hundeführer dafür oft die Treiberlinie und gefährdet so eventuell sich und die anderen Jagdteilnehmer. Gerade junge Hunde werden dabei durch die anderen Hunde, das aufstehende Wild und das Schießen vom Hundeführer abgelenkt und können sich Unarten angewöhnen. Auch der Hundeführer kann seine ganze Aufmerksamkeit nicht dem unerfahrenen Jagdhelfer widmen, wenn er mit dem Erlegen von Beute abgelenkt ist.

FASAN & REBHUHN

Laut rufend steigt der Hahn vor den Treibern aus der Deckung und streicht über die Schützen. Als ihn eine Schrotgarbe erreicht, stürzt er mit einseitigem Schwingenschlagen auf den Rapsacker. Kaum hat er Bodenkontakt, sucht er als Infanterist sein Heil in der Flucht.

Jetzt ist ein guter Hund gefragt. Aber auch an den Hundeführer stellen solche Szenen gewisse Anforderungen. Er muss mit den Schusszeichen des Flugwildes vertraut sein und diese zu deuten wissen. Allerdings gibt es dabei fließende Übergänge und Mischformen. Dies resultiert aus dem Flintenschuss mit vielen Schroten, die nur selten ein einziges Körperteil treffen. Neben den nicht immer zu erkennenden klassischen Schusszeichen kann man auch am Rhythmus des Schwingenschlages sehen, ob Schrote das Wild verwundet haben: Geht etwa der Hahn nach dem Schuss in einen reinen Gleitflug über, kann man davon ausgehen, dass er Schrote bekommen hat.

Nahezu jeder Fasan, der auf halbwegs jagdliche Distanz beschossen wurde, hat tatsächlich Schrotkörner gefasst. Auch, wenn er nicht offensichtlich zeichnete. Deshalb ist es zuerst die Pflicht jedes Schützen, beschossenes Wild zur Strecke zu bringen und nicht mit dem zweiten Schuss zu geizen. Im Notfall muss auch der geflügelte Infanterist am Boden beschossen werden, sofern dadurch weder Hunde, Jäger oder Treiber gefährdet werden. Um reibungslose und erfolgreiche Nachsuchen auf Feldhühner zu gewährleisten, müssen die Hundeführer taktisch geschickt positioniert werden. Dies hängt zum großen Teil von der Geländebeschaffenheit und vom Wildbesatz ab. In Revieren mit hohen Besätzen ist es durchaus sinnvoll, wenn für zwei Schützen jeweils ein Hundeführer eingeplant wird, der ausschließlich mit Nachsuchen beauftragt ist. Im Normalfall reicht es jedoch aus, wenn ein Gespann auf fünf bis sieben Schützen kommt.

Bei reinen, übersichtlichen Feldtreiben sollten die Hundeführer in regelmäßigen Abständen zwischen den Schützen aufgestellt werden. An den Brennpunkten, an denen erfahrungsgemäß das meiste Wild vorkommt, müssen die Gespanne dichter stehen. Ihre Positionen sollten eine gute Übersicht bieten, damit krankes Wild und dessen Zeichnen sicher angesprochen und die Hunde gezielt zur Verlorensuche geschickt werden können.

Ein Feldgehölz oder ein Wildacker in unmittelbarer Nähe des Treibens wird von krankem Wild gerne als Deckung angenommen. Deshalb wird auch dort, etwas abseits vom Treiben, ein Gespann postiert.

In unübersichtlichem Gelände, bei Waldtreiben oder in Feldgehölzen gestaltet sich die Platzwahl für die Hundeführer etwas schwieriger, denn der dichte Bewuchs schränkt die Sicht ein. In solchen Fällen bietet es sich an, die Schützen außerhalb des Waldes abzustellen. Wie beim Feldtreiben postiert man einige Rüdemänner zwischen den Jägern und einige an vermutlichen Fluchtverstecken.

Stehen die Schützen jedoch im Wald – etwa entlang von Wegen –, lohnt es sich, die Hundeführer in zwei Reihen abzustellen. Die erste befindet sich zwischen den Schützen, die zweite in Verlängerung des Treibens. Die Gespanne unter den Schützen kümmern sich um den Nahbereich. Die hintere Reihe beobachtet die weiter anstreichenden Fasane. Nach Ende des Treibens sucht die zweite Hundeführerwehr das vorgelagerte Gelände ab, bis sie auf die erste Reihe trifft.

Schaffen es die Hundeführer nicht, die Nachsuche bis zum Umsetzen der Schützen zu beenden, bleibt ein ortskundiges Gespann zurück, um weiterzusuchen. So kann der Hundeführer seine Zeit selbst einteilen und gewissenhaft nachsuchen, ohne dass es zu Verzögerungen kommt. Bei allen Nachsuchen ist ruhiges, konzentriertes Arbeiten ein Garant für den Erfolg. Vor allem junge und unerfahrene Vierläufer brauchen noch die Unterstützung ihres Führers. Insbesondere bei geflügeltem Wild sollte zügig, aber keinesfalls übereilt mit der Suche begonnen werden. Es bringt nichts, wie ein Berserker hinter dem Fasan herzueilen und damit den Hund noch mehr anzuheizen.

Von exponierter Stelle aus können die Hundeführer das Treiben, abgehende kranke Hasen und deren Fluchtrichtung gut beobachten.

Foto: Karl-Heinz Volkmar

Foto: Michael Breuer

Während bei geflügelten Fasanen oder Rebhühnern oft eine weite Arbeit mit tiefer Nase auf dem Geläuf zum Erfolg führt, werden waidwunde und geständerte am besten in der Freiverlorensuche nachgesucht. Dabei wird der Vierläufer mit gutem Wind zur Quersuche geschickt, sodass er den Bereich, in dem das kranke Stück Federwild vermutet wird, mit hoher Nase absuchen kann. Gerade in dichtem Bewuchs braucht der Vierläufer dafür ausreichend Zeit.

Kann das kranke Federwild nicht sofort gefunden werden, ist es hilfreich, etwas Zeit verstreichen zu lassen. Der Fasan oder das Rebhuhn gibt so mehr Wundwittrung ab und kann vom Hund leichter geortet werden. Häufig versucht eingefallenes, krankes Flugwild, vor dem Hund abzustreichen. Aus diesem Grund ist es wichtig, dass der Vierläufer unter der Flinte sucht und sein Führer das aufsteigende Wild zur Strecke bringen kann.

Egal, wie akribisch am Jagdtag auch nachgesucht wird, nicht jeder angebleite Gockel wird gleich im Anschluss an das Treiben oder die Jagd gefunden. Deshalb sollten am folgenden Morgen alle Bereiche, in denen am Vortag noch krankes Wild vermutet wurde, mit einem firmen Gebrauchshund gründlich abgesucht werden.

Streicht ein angebleiter Fasan ab, muss der Nachsuchenführer die Waffe parat haben (l.). Krankes Flugwild nimmt oft bestimmte Deckungen an (u.). An den bekannten Stellen sollte ein Gespann postiert werden.

Foto: Claas Nowak

SCHUSSZEICHEN RICHTIG DEUTEN

1 Waidwundschuss

Der Hahn ruckt im Schuss zusammen, krümmt sich und lässt beim Weiterstreichen mit schwerem Flügelschlag die Ständer hängen. Der waidwunde Hahn verendet entweder, wo er segelnd einfällt, oder er schiebt sich in nächster Nähe ein. Dort kann ihn der firme Vierläufer freiverloren nachsuchen.

2 Geständert

Der Gockel lässt den getroffenen Ständer hängen und versucht, sich so lange wie möglich in der Luft zu halten und die nächste Deckung anzunehmen. Gerade bei hohen Hähnen ist diese Verletzung schwer zu erkennen. Die ausschließliche Verletzung der Ständer ist relativ selten. Meist hat das Wild noch Schrote im Gescheide.

3 Himmeln

Das Himmeln wird durch Lungen- oder Kopftreffer verursacht. Der beschossene Vogel steigt Schwingen schlagend senkrecht in die Luft und stürzt verendet zu Boden.

4 Sofort tödlicher Treffer

Gut getroffen ruckt der Hahn sofort zusammen, lässt Federn und fällt augenblicklich zu Boden.

5 Geflügelt

Ist eine Schwinge getroffen, stürzt der Hahn flatternd aus der Luft. Wird nur ein Teil des Flügelknochens zerstört, ruckt der Fasan kurz zusammen und streicht mit unnatürlich gespreizter Handschwinge schräg ab und fällt in der nächsten Deckung ein. Am Boden können geflügelte Hähne weite Strecken zurücklegen. Dabei streben sie geduckt und mit hängenden Schwingen der nächsten Deckung zu. In einem Rübenschlag kann man mit großer Sicherheit davon ausgehen, dass der Hahn entlang der Pflanzreihe flüchtet. Oftmals drückt er sich erst im Vorgewende und lässt sich dort vom Hund greifen.

Fotos: Christine Kaltenbach (3), Dieter Hopf (2)

Sichere

SCHROTE

Foto: Michael Migos

Wechselnde Schusssituationen und schnelles Wild sind die Markenzeichen der Herbstjagden. Dabei sind immer Sicherheit und sauberes Treffen oberstes Gebot. Die folgenden Tipps helfen Ihnen, das zu gewährleisten.

Dr. Thomas Gehle

Plötzlich steht ein Fasan auf und streicht spitz auf den Jäger zu. Dieser hat nun eine einzige Entscheidung zu treffen: Schießen oder nicht? Jetzt zeigt sich, wer das situativ richtig einschätzen kann und wer nicht. Es geht um die jagdliche Leistung, um das Erfassen einer sich ständig ändernden Gesamtlage: Wie weit ist das Stück entfernt? Sind Mitjäger oder Hunde im Gefährdungsbereich der Schrote? Sich selbst ohne Kompromisse nach dem Einnehmen des Standes genau vorzuschreiben, wohin man keinesfalls schießen wird und mögliche Schussdistanzen einzuprägen, sind die wichtigsten Pflichten. Wie generell beim jagdlichen Schuss ist auch beim Schrotschuss die Sicherheit gegenüber allen Mitjagenden das erste, das Tierwohl das zweite Gebot.

Bis zum Jagderfolg sind noch zwei Schritte abzuarbeiten: Ansprechen und konzentrierte Schussabgabe mit dem obersten Ziel, dass der erste Schuss sitzen muss. Das gilt selbstverständlich auch auf der Suche, der Streife, der Pirsch oder anderen Jagdarten, bei denen kein fester Stand eingenommen wird. Der Ausspruch nach einem viel zu weiten Fehlschuss zum Nachbarn: „Hab' ich halt mal probiert, aber konnte ja nicht passen", ist sicherlich kein Zeichen eines waidgerechten, geschweige denn disziplinierten Schießens.

Wie für den Schuss auf Flugwild allgemein, gilt auch für das Beschießen des Fasans: Der Schuss auf den über Kopf, spitz oder halbspitz anstreichenden Fasan ist der einfachste und damit der sicherste. Max Kroll, Verfasser einer sehr fundierten Fasanenmonografie und leidenschaftlicher Fasanenjäger, beschreibt dies so: „Man hält ihm etwas vor den Kopf, schießt ihm einfach entgegen und lässt ihn richtig in die Schrotgarbe hineinfliegen." Der Ballistiker und Jäger Walter Lampel, dessen Werk zur Jagdballistik von 1958 bis heute im deutschsprachigen Raum eine der wenigen analytischen Grundlagen zum Wesen des Schrotschusses liefert, gibt in einem Aufsatz für Hase, Fasan und Rebhuhn Bewegungsgeschwindigkeiten zwischen etwa 16 und 26 Metern pro Sekunde an.

Daraus ergibt sich rein rechnerisch bei einer Schussentfernung von 20 Metern ein Vorhaltemaß von 0,6 bis 1,5 Meter. Analog zum Flugwild schießt man den spitz oder halbspitz auf einen zuflüchtenden Hasen vor die Läufe und umgekehrt, den wegflüchtenden auf die Löffel. Da das Laufbündel im Moment der Schussabgabe den

Foto: Michael Breuer

Umfeld im Blick behalten und gedanklich in Zonen einteilen: Aus dem Bereich, in dem der linke Jäger hätte schießen können (grüne Zone), ist der Hase raus. Würde er dennoch schießen, wären Nachbarschütze und Treiber stark gefährdet (rote Zone).

Wildkörper verlassen haben muss, ist mit allen Sinnen darauf zu achten, ob das Tier tödlich getroffen, krankgeschossen oder gefehlt ist. Jede noch so kleine Verzögerung und Unsicherheit kann dazu führen, dass das Stück krank entkommt, weil es dann für einen zweiten Schuss zu weit weg ist oder Deckung annimmt. Für den Hasen gilt der Grundsatz: Wenn er liegt und seine weiße Unterseite präsentiert, ist er tot. Bei Fasan und Rebhuhn sollten Sie akribisch darauf achten, wie diese fallen. Der Vogel, der mit „erhobenem" Kopf fällt, ist nicht tot, sondern wird laufen. Fasan und Rebhuhn sind Laufhühner!

Kann der Schütze nichts mehr ausrichten, muss der Hund geschnallt werden. Folglich sind für das klassische Vorstehtreiben mindestens an den Flanken und in der Mitte Hundeführer abzustellen. Kann kein Hund geschnallt werden, ist das Wild verloren. Dann besteht jedoch die weitere Möglichkeit, krank gemeldetes Wild sofort nach dem Treiben nachzusuchen und nicht erst am nächsten Tag. Die Arbeit der Hunde wird erleichtert, der Anteil von Totsuchen ist höher. Man kann dazu eigens einen Hundeführer abstellen, im besten Fall einen Mitjäger, der ortskundig ist und mit dem man die Jagd geplant hat (mehr zur Nachsuche lesen Sie ab S. 22).

Nach dem Schuss stellt sich sehr häufig die Frage: Darf ich während einer Treibjagd den Stand verlassen, um krankes Wild abzutun oder um hinterherzulaufen, damit es mit einem gezielten Schuss erlöst werden kann? Die Jagdleitung tut gut daran, vor der Treibjagd dazu klare Anweisungen zu geben. Ebenso hat die Jagdleitung klar und unmissverständlich mitzuteilen, welches Verhalten von Schützen und Treibern erwartet wird. Sind beispielsweise in der Treiberwehr Schützen, muss vor allem diesen klar sein, ob sie jeden Hasen oder nur nach hinten flüchtende bejagen dürfen, welchen der aufsteigenden Hähne sie erlegen dürfen und welchen sie zu den Vorstehschützen durchzulassen haben. Von Revier zu Revier, von Region zu Region gibt es da ganz verschiedene Traditionen und Regeln. Sie nicht zu beachten, ist auf jeden Fall unwaidmännisch, es sei denn, die Regel selbst ist an sich nicht waidgerecht.

Zwei Aspekte sind nun noch zu diskutieren: An erster Stelle steht die Frage nach der richtigen Schussentfernung und der dazu passenden Munition.
Es gilt der Grundsatz: Kleineres als das normalerweise verwen-

Folgende Empfehlungen werden für Hase und Fasan gegeben:

- Verwendung je nach Flinte, Würgebohrung, Kaliber und Ladung von Schrot Nr. 4, 5 oder 6 (etwa 2,7 bis 3,2 mm)
- Hasen und Hähne nur zwischen 15 und 30 Meter beschießen, Hähne nicht flacher als 15 Grad beschießen (Sicherheit, Tötungswirkung, Verwertbarkeit)

Für das Rebhuhn:

- Verwendung je nach Flinte und Würgebohrung, Kaliber und Ladung von Schrot Nr. 3 und 4 (etwa 2,5 und 2,7 mm)
- Hühner nur zwischen 15 und 25 Meter und nicht flacher als 15 Grad beschießen (Sicherheit, Tötungswirkung, Verwertbarkeit)

IM AUGENBLICK DES SCHUSSES:

Schräg wegflüchtender Hase: Hochflüchtig ist er nicht. Es reicht, mitzuschwingen und etwas vorzuhalten.

Fotos: Simon Obermeier, Helmut Pieper

Fortflüchtender Hase: mit dem Laufbündel abdecken. Das Korn sollte beim Schuss etwa auf Höhe der Löffel sein. Wildbretschonend ist der Schuss auf die Keulen aber nicht.

Fotos: Simon Obermeier, Stefan Meyers

Spitz anwechselnd: Einer der einfacheren Schüsse. Schießen Sie dem Hasen etwas vor die Läufe. Er wird in die Garbe laufen.

Fotos: Simon Obermeier, Montage: shutterstock.com, Michael Breuer

Quer flüchtender Feldhase: Bewegungsrichtung aufnehmen und je nach Geschwindigkeit und Entfernung gut vorhalten.

Vorhaltemaß für...			
Entfernung zum Ziel	... 55 km/h langsames Flugwild (Beispiel: Rebhuhn)	... 65 km/h durchschnittlich schnelles Flugwild (Beispiel: Fasan)	... 80 km/h schnelles Flugwild (Beispiel: Taube)
etwa 25 m	0,9 m	1,2 m	1,5 m
etwa 30 m	1,4 m	1,7 m	2,1 m
etwa 35 m	2,0 m	2,3 m	2,9 m

Da viele Faktoren eine Rolle spielen, sind die Angaben nur grobe Richtwerte. Das Vorhaltemaß hängt von der Schwungtechnik, der Reaktionszeit, Wahrnehmungsfähigkeit des Jägers sowie der Schrotgeschwindigkeit ab. Wichtig: Nur wenn der Schütze mit voller Konzentration auf das Wild schaut, kann er durch Erfahrung lernen, wie weit er bei seiner persönlichen Schießtechnik vorhalten muss. Dieses Wissen muss dann nur noch in den jagdlichen Situationen umgesetzt werden.

Viel Wolle am Anschuss, dennoch flüchtet der Hase weiter. Der schnelle zweite Schuss ist hier angebracht, ansonsten wird die Entfernung rasch zu groß. Eine spätere Nachsuche könnte erfolglos sein.

Perfekt mitgeschwungen, sauber getroffen: Bei 20 Meter entfernten, quer streichenden Hähnen muss man je nach Geschwindigkeit und Wind schon mal über einen Meter vorhalten.

Fotos: Sven Erik Arndt (o.), Philipp Zerfass

dete Schrot beschränkt wegen des verringerten Durchschlages die Schussentfernung. Ebenso ist gegenüber Kaliber 12 bei dem immer seltener werdenden Kaliber 16 und dem wieder in Mode kommenden Kaliber 20 an die per se geringere Anzahl Schrote zu denken, sodass im Mittel bei Kaliber 16 ein um drei bis vier Meter und bei Kaliber 20 ein um sieben bis acht Meter kürzerer Wirkungsbereich besteht.

An zweiter Stelle ist zu klären, warum der Schuss auf das bewegte Wild sicherer sein kann als der Schuss auf den Hasen in der Sasse oder das sich drückende oder aufgebaumte Flugwild. Wiederum zwei Dinge sind hier von Belang: die Tötungswirkung und die Chance auf eine unversehrte Flucht. Die Erfahrung lehrt uns, dass im Einzelfall zwar wenige Schrote genauso blitzartig töten können wie viele, denn jeder Schuss ist ein einzigartiges Ereignis. Walter Lampel stellt zu dem „doch nur beschränkt zu beherrschenden Schrotschuß" fest: „Er lässt sich nun einmal nicht hundertprozentig in ein festes Schema pressen."

Allgemein wird jeder davon ausgehen, dass ein unbewegtes Ziel leichter zu treffen sei als ein bewegtes. Doch bietet sich drückendes Wild nicht zwangsläufig ausreichend Trefferfläche, und ein springender Hase trennt sich im Einzelfall optisch besser vom Hintergrund als ein sitzender. Für die unmittelbare Tötungswirkung, also das „Außer-Funktion-Setzen des gesamten Nervenapparates", wie Lampel es nennt, ist nicht das Auftreffen eines einzelnen Schrotes, sondern die „geballte Stoß- und Schlagwirkung einer Mindestzahl von Schroten" erforderlich. Bei sich drückendem Wild am Boden kann die verdeckte Brust auch bei bestem Schuss gar nicht von Schroten erreicht werden.

Zudem muss diese Mindestzahl treffender Schrote auch eine Mindestenergie aufweisen. Wird einer von beiden oder werden gleich beide Mindestwerte nicht erreicht, wird entweder gar keine oder nur eine schwache Reaktion des Wildes auftreten. Und schwache Reaktionen werden sehr schnell überwunden. Dieser Zustand darf unter keinen Umständen eintreten. Von der Garbe sollte ein Drittel aller Schrote das Wild treffen. Generell gilt für den Schrotschuss: üben, üben und nochmals üben! Und das Schöne dabei ist: Üben auf dem Skeet-, Trap- oder Parcoursstand macht einfach Spaß.

Foto: Michael Breuer

Auf gesunde Hasen in der Sasse sollte nicht geschossen werden. Sie bieten weniger Trefferfläche als flüchtende. Ein schnell tötender Schuss ist unwahrscheinlicher. Also: Warten, bis er aus der Sasse fährt.

Foto: Stefan Meyers

DAS REVIER

Wer hegen und jagen will, muss das Potenzial seines Revieres, die Besätze sowie die Ansprüche von Hase, Fasan und Rebhuhn kennen. Erfahren Sie, wie Sie die Situation bei sich vor Ort bewerten können.

WISSEN, WO WAS IST

Ein Blick auf die Revierkarte hilft, jene Strukturen auszumachen, die Äsung und Deckung liefern können. Welche Maßnahmen sich dort anbieten und wie der optimale Lebensraum für Hase, Fasan und Rebhuhn aussehen könnte, lesen Sie auf den folgenden Seiten.

Dr. Thomas Gehle

REVIER-CHECKLISTE

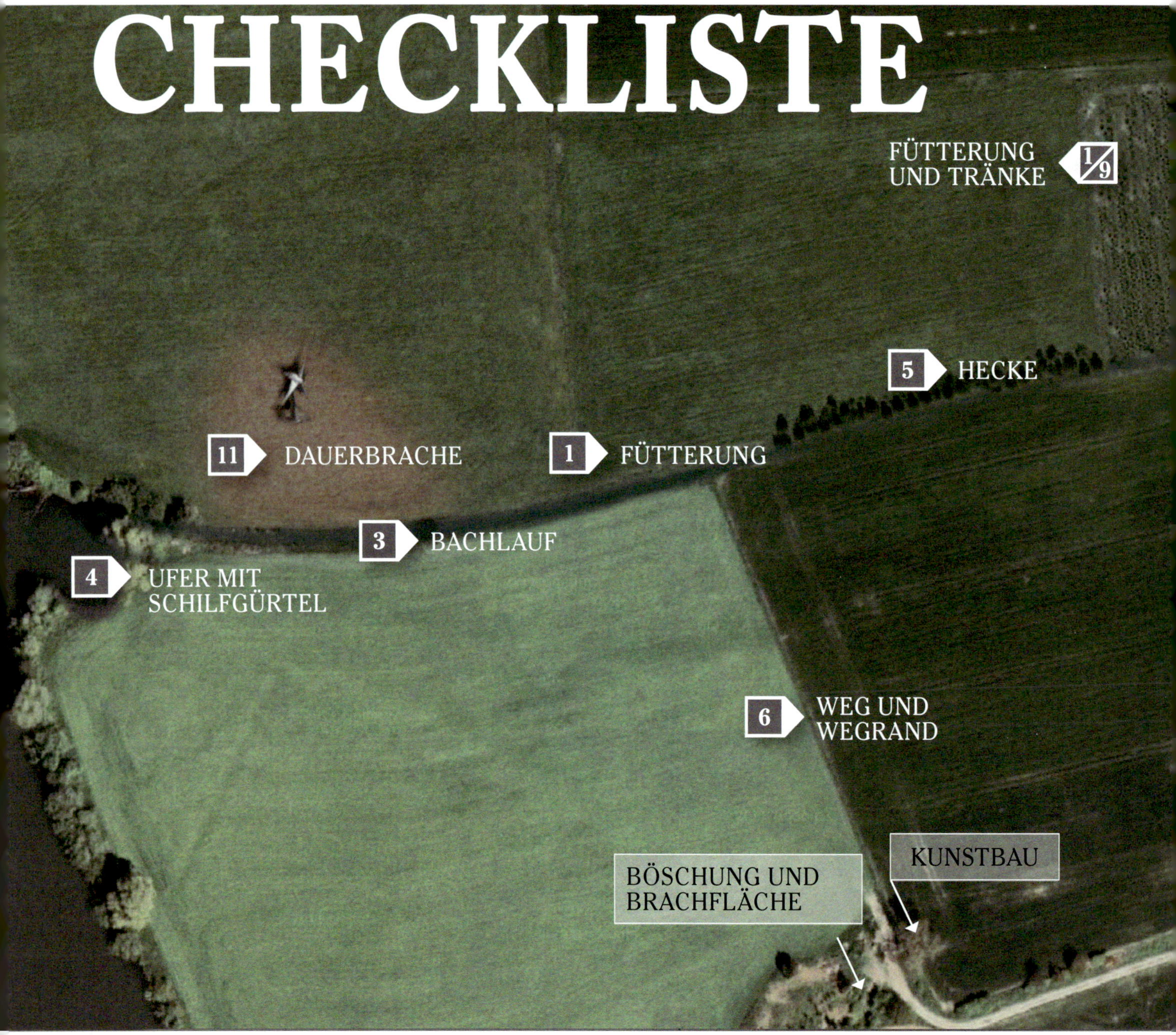

Sie haben gerade ein neues Revier gepachtet und wollen Ihren eigenen Jagdbetrieb aufbauen? Oder sind Sie ein engagierter Mitjäger oder Jagdaufseher und wollen für sich und Ihre Mitstreiter Fasan, Rebhuhn und Feldhase zu gut bejagbaren Herbstbesätzen verhelfen? Gehen Sie es an!

Bevor man aber einen Schritt vor den anderen setzt, sollte man bereit sein, sich genau über die Gegebenheiten vor Ort und dort mögliche Maßnahmen zu informieren. In der Regel fehlt es an Äsung und Deckung. Um diesen Mangel zu beseitigen, sollten vorhandene Strukturen erhalten, gepflegt und mithilfe eines Mosaiks von neu zu schaffenden Landschaftselementen optimiert werden. Das kann bedeuten, dass wir den Deckungsstreifen für den Fasan gleich so anlegen, dass wir später nicht nur die Hähne leicht bejagen, sondern auch mit einer Fütterung und einem Fangplatz für Haarraubwild versehen können.

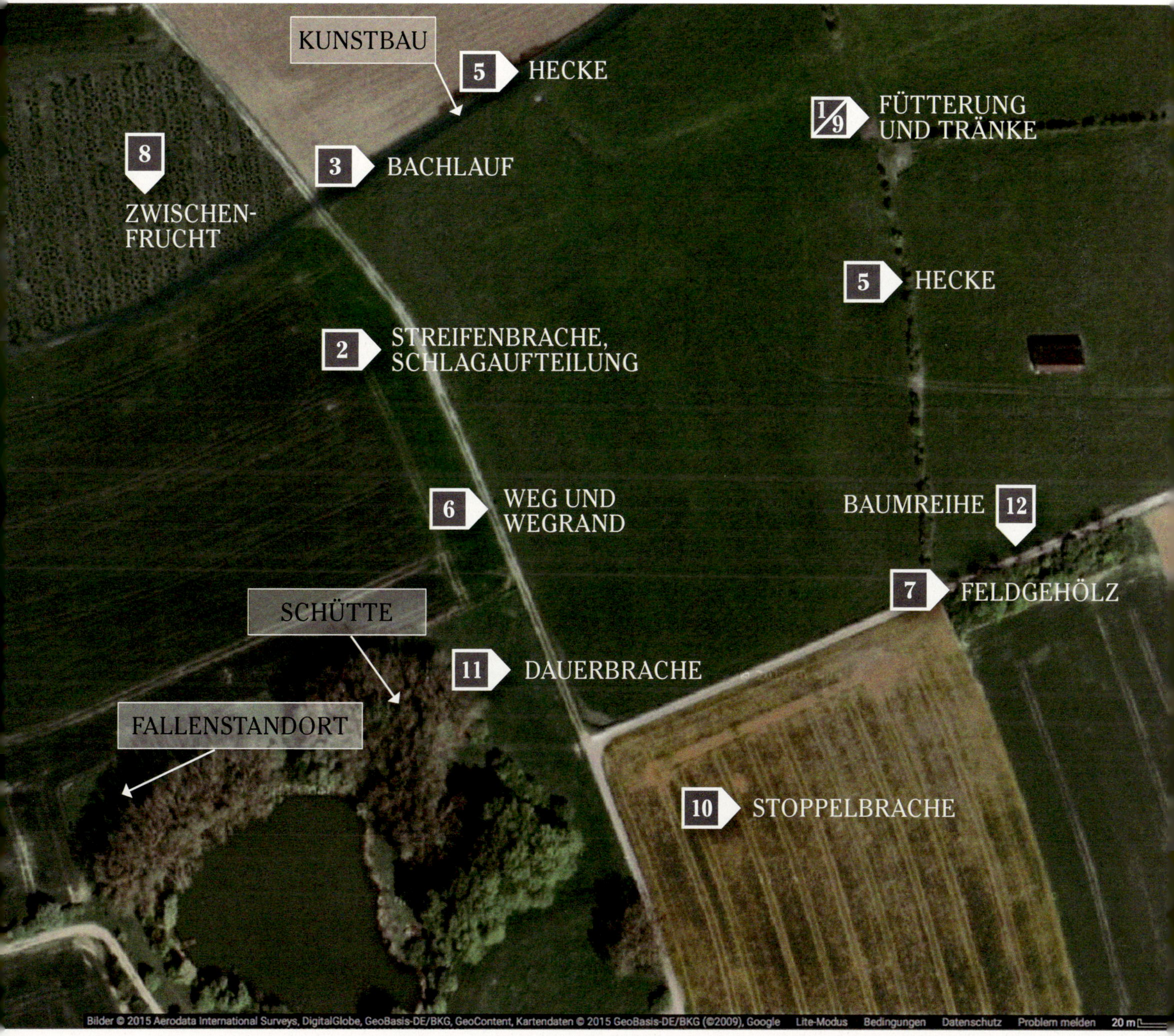

Foto: Dr. Thomas Gehle

1 Fütterung

Für Rebhühner gehören Fütterungen ins baum- und strauchlose Offenland, am besten zwischen zwei Schläge. Aufgehängt werden Eimer mit Weizen. Für den Fasan können Eimer auch mit der Schütte kombiniert werden (Landesrecht beachten). Die Standorte müssen für ein regelmäßiges Beschicken erreichbar sein.

Foto: Dr. Thomas Gehle

2 Streifenbrache oder Schlagaufteilung

Eine wertvolle, aber eher selten mögliche Ergänzung im Offenland ist das Auf- oder Unterteilen von Schlägen. Sie kann auch einen Feld- oder Wegrain verbreitern. Abschnitts- oder streifenweise kann man etwa durch Grubbern und Handeinsaat die Vegetation lückig gestalten. Dies fördert Insekten und Spinnen, auf die die Küken in den ersten Wochen angewiesen sind, und deckt den Tisch für den Feldhasen.

Foto: Simon Obermeier

3 Bachlauf

Die Bachläufe sind im Grünlandbereich vor allem vor Viehtritt zu schützen, Flachwasserzonen als natürliche Tränken sind zu erhalten und zu pflegen. Schmale Stege wie ein umgefallener Baum können als Zwangswechsel für die Fangjagd genutzt werden, ebenso wie der unmittelbar an den Bach angrenzende Uferbereich, den das Haarraubwild gerne anwechselt.

Ufer mit Schilfgürtel

Die Linienstrukturen an Bachläufen oder Entwässerungsgräben schützt man durch Blühstreifen oder Selbstbegrünung. Aufwerten kann man die Ufer auch mit Stecklingspflanzungen von Erle, Birke sowie Weiden- und/oder Pappelarten, um für strenge Winter ausreichend Prossholz vorzuhalten. Je nach Neigung und Breite des Ufers empfiehlt sich die Anlage von Tränken, die sich selbst füllen. Zur Vernetzung etwa von Winterweizenschlägen, die als Äsung dienen, schaffen Schilfgürtel und Schilfstreifen Deckung.

4

Foto: Jürgen Gauß

Hecke

Hecken fehlt meist Mantel und Saum. Während sich Säume auch selbst begrünen, wenn sie nicht mehr unter dem Pflug stehen, kann man den Mantel und Kern einer Hecke durch Zurückschneiden und Auspflanzen wieder herstellen. Wenn eine Selbstbegrünung nur noch aus zwei Grasarten und Brennnesseln besteht, kann man durch Einsaat von Blühmischungen die Vielfalt für Insekten und Spinnen erhöhen.

5

Foto: Simon Obermeier

Weg und Wegrand

Besonders wertvoll sind bewachsene Wege, bei asphaltierten Feldwegen nur ihre Ränder. Werden die Wegränder nicht abgespritzt oder nicht vor August gemäht, bieten sie Äsung, Brut- und Setzplätze zugleich. Sie vernetzen flächige Strukturen und können je nach Bodenart für Rebhuhn und Fasan Magensteinchen und Huderplätze zum Baden bereithalten. Der Hase kann sich morgens trockenlaufen. Krautreiche Wege bieten besonders gute Äsung (Klee, Wegerich etc.).

6

Foto: Michael Breuer

Foto: Simon Obermeier

7 Feldgehölz

Man kann Feldgehölze weiterentwickeln (Schutzstatus beachten). Dazu legt man wie bei einer Remise krautige Säume mit Kleeeinsaat nach innen an. Nach außen stellen Kraut- und Grassäume den optimalen Übergang zu Acker- oder Grünland dar. Während Hecken als Linien Lebensräume verbinden, können Gehölze als Ruhe- und Schlafplatz, mit Saum auch als Brut- und Setzplatz dienen. Derartige Inseln ziehen jedoch Beutegreifer an. Daher sind Bereiche zu schaffen, die oben dicht und unten licht sind. Diese Stellen sind dann besonders als Schüttenstandort geeignet. Mit ablaufendem Dachwasser der Schütte kann man zusätzlich eine Tränke speisen. Ebenso bietet sich das Fallenstellen dort an. Mit Heckenrose und Brombeere sind solche Stellen zu gestalten, je nach Standort auch mit Schilf oder Körnermais.

Foto: Claas Nowak

8 Zwischenfrucht

Sie schafft vor allem Deckung nach der Getreide- und Rübenernte. Das Freihalten von Streifen in Absprache mit dem Bewirtschafter bietet darin gute Bejagungsmöglichkeiten, je nach Vorkommen auch für Kaninchen.

Foto: Bildagentur Schilling

9 Tränke

Während der Hase in der Regel mit dem Wassergehalt seiner Nahrungspflanzen auskommt, schöpft Federwild gern direkt Wasser. Auf Geländemulden kann man Rinnen und/oder Gräben anlegen, sodass sich die Mulde bei Regen von selbst füllt. Auch versickernde Quellen kann man wieder freilegen.

Stoppelbrache

Sie wirkt saisonal über das Winterhalbjahr und kann in der Regel nur zusammen mit dem Bewirtschafter angelegt werden, will man die Flächen nicht kaufen. Sie stellen steppenähnliche Strukturen. Besonders Rebhühner und Hasen lieben das auflaufende Getreide, keimende Ruderalarten und Kleegemenge. Der Hase ist gut getarnt und kann um seine Sasse äsen.

10

Foto: Werner Kuhn

Dauerbrache

Die Dauerbrache ist der Oberbegriff für eine Vielzahl von Flächen. Das sind Rekultivierungs- oder selbst begrünte Flächen, wie ehemalige Müllplätze, Deponien, Industriebrachen oder Abgrabungen, aber auch Streifen und Kleinflächen an Windkraftanlagen, Kläranlagen, Golfplätzen, an Wasserrückhaltebecken, Umspannwerken, Strommasten, Biogasanlagen, Bahndämmen oder Lärmschutzwällen. In und an Brachflächen bietet es sich an, Fallen oder Kunstbaue zu platzieren. Denn generell gilt: Wo Hühner und Hasen gerne sind, ist auch das Raubwild.

11

Foto: Simon Obermeier

Baumreihe

Je nach Alter und Baumart können Baumreihen für Rebhuhn, Fasan und Junghasen tödlich sein. Vor allem Greifvögel, wie Habicht und Sperber, jagen von dort ihre Beute gerne an. Kein Standort für Fütterungen, Schütten oder Tränken!

12

Foto: Simon Obermeier

WILDBIOLOGIE

Was Sie zur Lebensweise der drei Niederwild-Arten wissen sollten und wie Sie deren Alter und Geschlecht bestimmen, zeigt Dr. Thomas Gehle kurz und prägnant.

FELDHASE

Die langen Löffel, die seitlich vorgestellten Seher und überlange Hinterläufe kennzeichnen den Hasen als Fluchttier. Er kann bis zu 80 km/h erreichen. Als reiner Pflanzenfresser bevorzugt er zwar Kulturpflanzen, seine Nahrungspalette umfasst aber über 100 Pflanzenarten. Die Oberlippe von Hasen ist gespalten (Hasenscharte). Der zweite Schneidezahn ist ein Nagezahn. Die Nagezähne des Oberkiefers haben Längsrillen. Im Gegensatz zu den

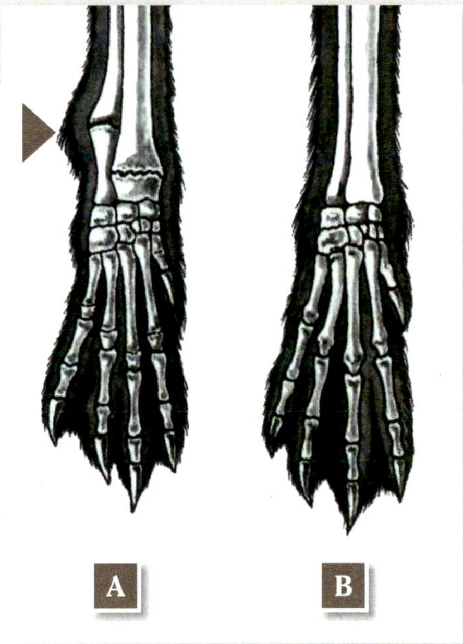

Grafik: Archiv

Hasenalter schätzen: Bei Junghasen bis zu acht Monaten kann oberhalb des Handwurzelgelenks das Stroh'sche Zeichen ertastet werden (A). Danach verschwindet es (B).

Die wichtigsten FAKTEN

Schneidezähnen der Nagetiere hinterlassen diese einen Doppelbogen als Fraßspur.

Mit etwas Übung kann man mit seitlichem Fingerdruck im Weidlochbereich Rammler und Häsin gut unterscheiden, wenngleich der kegelförmige Penis des Rammlers der rinnenförmigen Klitoris der Häsin ähnelt. Das Stroh'sche Zeichen dient zur Altersschätzung. Ertastet wird das Jugendknötchen bei abgeknicktem Vorderlauf an dessen Außenseite, etwa fünf Millimeter oberhalb des Handwurzelgelenkes (siehe Skizze). Es verschwindet ab einem Alter von etwa sechs bis acht Monaten. Kritiker weisen deshalb darauf hin, dass bei spätem Jagdtermin die ersten Sätze nicht mehr als Junghasen erkannt werden können.

Kein anderes Wildtier kann von mehr Krankheiten heimgesucht werden. Darüber jedoch, wann welche Krankheit in welchem Ausmaß die Hasenbesätze beeinflusst, gibt es keine Prognosen. Einmal ist es die Kokzidiose, ein anderes Mal European Brown Hare Syndrome oder der Lungenwurm. Unter anderem deswegen variieren die Populationsdichten in Deutschland nach wie vor zwischen einem und über 100 Hasen pro 100 Hektar (ha).

Ursprünglich ein Steppenbewohner, folgte der Feldhase der Landwirtschaft. Er bewohnt etwa 40 ha Offenland und kann sich rund 260 Tage im Jahr mit Fortpflanzung beschäftigen. Dabei werden Sozialkontakte optimiert. Mal lebt er allein, mal in Gruppen. Sieht ein Hase einen anderen, neigt er dazu, sich zu ihm zu gesellen. So entstehen kurzfristig Gruppen bei der Nahrungsaufnahme oder zur Paarung. Im Frühjahr auch tagaktiv, werden Hasen sonst erst eine Stunde nach Sonnenuntergang mobil. In Ruhezeiten liegt er allein in einer gekratzten Mulde, der Sasse, um den Kontakt zu Feinden zu vermeiden. Ebenso scheidet er dort harte oder weiche Losung aus und nimmt sie wieder auf. Zeitweise kann er so auf das Äsen verzichten. Gleichzeitig scheinen bestimmte Nahrungselemente beim erneuten Verdauen besser verwertet werden zu können.

Eine Häsin kann bereits während ihrer Trächtigkeit wieder inne haben (Superkonzeption) – ein weiterer Beleg für das hohe Vermehrungspotenzial. Die Zeit zwischen zwei Sätzen verkürzt sich dadurch von 42 auf 38 Tage. Häsinnen können bis zu drei Mal im Jahr bis zu sechs Junge bekommen. Diese wachsen schnell. Als typische Nestflüchter sind sie sogar in der Lage, Umgebungskälte mit erhöhter Wärmeproduktion auszugleichen. Sie sind damit an das deckungsfreie Offenland angepasst. Bereits kurz nach dem Setzen vereinzeln sie sich, das nächtliche Säugen dauert nur wenige Minuten. Brutpflege wird nicht gezeigt.

Bei einer solch langen Reproduktionszeit ist der Besatz wechselnden Sterblichkeitsfaktoren ausgesetzt. Als sicher gilt, dass diese Faktoren vor allem auf die Junghasen wirken, nicht aber auf die Fruchtbarkeit der Althasen. So sterben jedes Jahr bis zum kommenden Frühjahr 60 bis 90 Prozent aller Junghasen. Pro Häsin überleben im Mittel nur 2,3 Junge. Aber selbst bei einer so hohen Sterblichkeit kann der Besatz zunehmen.

Inwieweit die Industrialisierung der Landwirtschaft zum allgemeinen Rückgang in Mitteleuropa beigetragen hat, ist bis heute umstritten. Doch scheint die Hasendichte auf Ackerland sehr eng von Offenlandstrukturen, wie der Feldgröße oder Grenzlinien, abzuhängen. Auf Grünland ist das nicht so. Hier fühlt sich der Hase auf Wiesen sehr wohl, weniger auf Weiden, und zwar unabhängig von ihrer Größe.

STECKBRIEF

Größe:
50 bis 70 Zentimeter (cm)

Gewicht:
2,5 bis 6,5 Kilogramm (kg)

Rammelzeit:
Dezember bis September

Setzzeit:
Februar bis Oktober

Aufzuchtzeit:
Mitte Februar bis Mitte Oktober

Säugezeit:
23 Tage, die Jungen sind nach circa 50 Tagen selbstständig

Foto: Ana Gram, shutterstock

FASAN

Alle mitteleuropäischen Vorkommen stammen von jagdlich motivierten Aussetzungen, vor allem aus höfischen Fasanerien. Erste sichere Hinweise auf das Auftreten frei lebender Fasane in Deutschland stammen aus dem Rheinland des 12. und 13. Jahrhunderts. Aus der zentral- und ostasiatischen Heimat verfrachtet, etablierten sich von den über 30 Rassen mindestens drei Ökotypen: der Colchicustyp (Böhmischer Jagdfasan), der robuste Torquatustyp (Ringfasan) und der Mongolicustyp (Kasachstan-Fasan) mit weißem Halsring. Die Art ist ein klassischer Kulturfolger. Seine höchsten Dichten erreicht er in Nordwestdeutschland.

Die tagaktiven Fasane leben im Winter gesellig, aber vielfach in getrenntgeschlechtlichen Gruppen von bis zu zehn bis 30 Hennen und zwei bis zehn Hähnen. Innerhalb dieser Gruppen besteht eine Rangordnung. Zu Beginn der Balz Ende März bilden sich Zweiergruppen aus Platzhahn und Beihahn. Der Platzhahn ist der Haremsbesitzer. Er balzt und zeigt das typische Umkreisen einer Henne. Die Beihähne hingegen sind „psychische Kastraten“: Ihre roten Rosen bleiben klein, sie rufen nicht, fliehen und versuchen, einzelne Hennen anzujagen, um diese zu treten. Die Weiblichen können sich dem Anbalzen entziehen, indem sie sich der nächsten Hennengruppe (Harem) anschließen. Ein Hahn tritt mehrere Hennen. Nach und nach scheiden sie dann zum Brüten aus dem Harem aus.

Sie beginnen, von April bis Juni, einer Zeitspanne von über 70 Tagen, zu brüten. So war beispielsweise der April 2007 extrem warm und trocken und hat vermut-

Grafik: Dr. Thomas Gehle

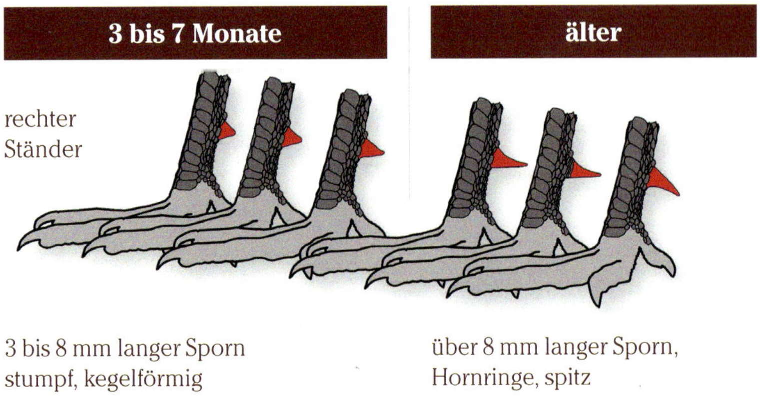

Anhand der Spornlänge und -form lässt sich das Alter des Hahnes schätzen. Frei lebende Fasane werden kaum älter als zwei Jahre.

Fotos: Dr. Thomas Gehle

Henne

Überaugenstreif und Stirngefieder sind bei alten Hennen weißlich, das Scheitelgefieder ist ausgeprägt braun gesprenkelt, das Halsgefieder wirkt bräunlicher.

Hahn

Der ganze Hahnenkopf wirkt orangebraun, sein gräulicher Überaugenstreif hebt sich vom Stirngefieder kaum ab, die roten Augenrosen sind zur Balz geschwollen.

STECKBRIEF

Größe: 28 bis 32 cm

Balzzeit: Februar bis April

Brutzeit: April bis Mai

Aufzuchtzeit: April bis Mitte September

Gewicht: 325 bis 425 g

Flugfähigkeit: nach 13 Tagen

Selbstständig werden Jungvögel nach etwa 60 Tagen.

Foto: Eric Isselee, shutterstock

STECKBRIEF

Größe: 55 bis 90 cm

Balzzeit: März bis Juni

Brutzeit: April bis Juni

Gewicht: 750 bis 1 300 g

Flugfähigkeit: nach 12 Tagen

Selbstständig wird der Nachwuchs nach 80 Tagen.

lich die sehr hohen Jagdstrecken 2007 ermöglicht. Regional gingen sie 2008 um bis zu 60 Prozent zurück. Die Besätze haben sich bis heute nicht erholt.

In unbejagten Populationen fand man ein Geschlechterverhältnis von eins zu 0,5 bis 1,5. Jagd verschiebt dieses zugunsten der Hennen auf 1 zu 2 bis 1 zu 10. Bis zu einem Verhältnis von 1 zu 50 soll eine normale Quote befruchteter Eier möglich sein. Bei einer Gesamtsterblichkeit von jährlich 60 Prozent werden Fasane im Durchschnitt knapp zwei Jahre alt. Die Überlebensrate der Hennen entscheidet über die Besatzdichte. Mit zunehmender Dichte wiederum steigt die Hennensterblichkeit, vor allem im Frühjahr und Spätsommer, ebenso wie die der alten Hähne.

REBHUHN

Einst Charaktervogel der kleinbäuerlichen Kulturlandschaft, angepasst an weite, offene Steppen, kommen die Feldhühner seit den 1980er-Jahren insgesamt nur noch selten vor. Sie sterben aber auch nicht aus. Die Ursachen für den europaweiten Einbruch sind bis heute unverstanden. Rebhühner sind Kulturfolger, aber auch Kulturflüchter, sie brüten im Altgras, aber auch im Getreide. Deshalb bleiben bis heute viele Fragen zum Niststubstrat oder zu Deckungshabitaten unbeantwortet. Sicher ist, dass mosaikartig Vorkommen seit Jahren erloschen sind. Die mittlere Dichte liegt für besiedelte Jagdbezirke bei zwei Paaren pro 100 ha, Maximaldichten liegen bei über sechs Paaren. Solche Dichten werden kleinräumig vor allem in Nordwestdeutschland oder beispielsweise entlang des Mains und der Donau erreicht, am häufigsten auf Ackerland. Rebhühner meiden Wald. Sie brauchen mindestens 200 ha Offenland.

Während sich Rebhühner im Winter zu Ketten gruppieren, vereinzeln sie sich im Frühjahr. Hähne beanspruchen ein Territorium und rufen in der Dämmerung. Hahn und Henne wechseln vor der Wahl des Neststandortes ihre Partner, nach Brutbeginn bewacht ein Hahn aber nur eine Henne. Häufig liegen nahe des Brutplatzes Wege oder wegähnliche Linearstrukturen. Rebhühner scheinen jedoch unabhängig von der Flächennutzung Habitate für Nistplätze zu bevorzugen, deren Aufwuchs Anfang Mai zwischen 15 und 65 cm hoch ist.

Vor allem eine hohe Sterblichkeit im Frühjahr begrenzt die Besätze seit 30 Jahren. Ganz typisch ist, dass sich unabhängig von der Herbstdichte im Frühjahr vielfach wieder die Paardichte des Vorjahres einstellt. Deswegen werden als Sterblichkeitsfaktoren im Frühjahr noch Brutplatzmangel und Mangelernährung diskutiert. Aktuelle Studien deuten darauf hin, dass sich Rebhuhnpaare vorrangig aus dem Weg gehen, sich die Brutterritorien also nicht überlappen. Warum die Besätze nicht weiter zunehmen, wenn selbst in den besten Jagdbezirken maximal nur die Hälfte des geeigneten Offenlandes als Brutlebensraum besetzt ist, bleibt ungeklärt.

Sowohl Küken bis zur zweiten Lebenswoche als auch Altvögel müssen im Frühsommer hohe Anteile tierischer Nahrung (Spinnen, Springschwänze, Schmetterlingsraupen, Zikaden) aufnehmen, insgesamt überwiegt jedoch die Pflanzennahrung (Samen, Blätter, Sprosse).

BESÄTZE richtig ERFASSEN

LEITFADEN

Wer jagen will, muss vorher zählen, um zu wissen, was die Besätze hergeben. Diese Methoden haben sich für Hase, Fasan und Rebhuhn in der Praxis bewährt.

Dr. Thomas Gehle

Scheinwerfertaxation für Feldhasen

Auf ganzjährig befahrbaren Wegen sollte mit einem geländegängigen Fahrzeug eine Feldfläche von möglichst 200 Hektar abgeleuchtet werden. Sie legen dabei zwischen zehn und 20 Kilometer Wegstrecke zurück. Ist die taxierte Fläche kleiner, wird der Besatz meist nicht repräsentativ erfasst.

Am besten geht das zu zweit. Einer fährt mit 15 bis 20 km/h, der Beifahrer hält im rechten Winkel zur Fahrtrichtung einen Scheinwerfer auf die Schläge. Geeignet sind Geräte mit einer Leistung von 12 Volt und 55 Watt. Abgeleuchtet werden nur Flächen, die vollständig einsehbar sind und keinen oder nur niedrigen Bewuchs aufweisen. Bestens geeignet sind Abende mit geringer Bewölkung. Leichter Regen behindert die Erfassung kaum, bei Starkregen und Sturm, ebenso bei Nebel, sollten Sie jedoch zu Hause bleiben.

Das Erfassen dauert bis zu drei Stunden. Begonnen wird frühestens eine Stunde nach Sonnenuntergang. Dann nämlich sind die meisten Feldhasen auf den Läufen. Sie suchen nach Paarungspartnern und Äsung. Der Beifahrer notiert alle gezählten Hasen, wenn möglich, für jedes vorgesehene Treiben getrennt. Dann kann die Jagd detaillierter geplant werden. Ein „Schusszähler" erleichtert das Zählen. Bei jedem gesehenen Hasen wird gedrückt. Der Zähler zählt mit. Natürlich werden Hasen übersehen. Nach jüngeren Studien ist damit zu rechnen, dass bis zu ein Drittel aller Hasen nicht erfasst wird.

Beachten Sie bitte drei Punkte, um vergleichbare Zählergebnisse über die Jahre hinweg zu bekommen:

- Jedes Jahr zählt derselbe Jäger.
- Es wird immer derselbe Scheinwerfer benutzt.
- Es werden immer dieselben Wege in identischer Reihenfolge abgefahren und abgeleuchtet.

Fotomontage: shutterstock.com, Fabian Neubert

Scheinwerfertaxation: Nur wenn der Bewuchs auf der Zählfläche niedrig ist, erhalten Sie einen wirklichen Eindruck vom dortigen Hasenbesatz.

Rebhühner sichten und verhören

Gezählt werden sollte ab 15 Minuten nach Sonnenuntergang bis etwa eine Stunde danach. In dieser Zeit ist es am wahrscheinlichsten, möglichst viele Rebhuhnrufe zu hören.

Auch unverpaarte Hähne rufen. Meist kann man Paare daher erst durch zusätzliche Beobachtung bestätigen.

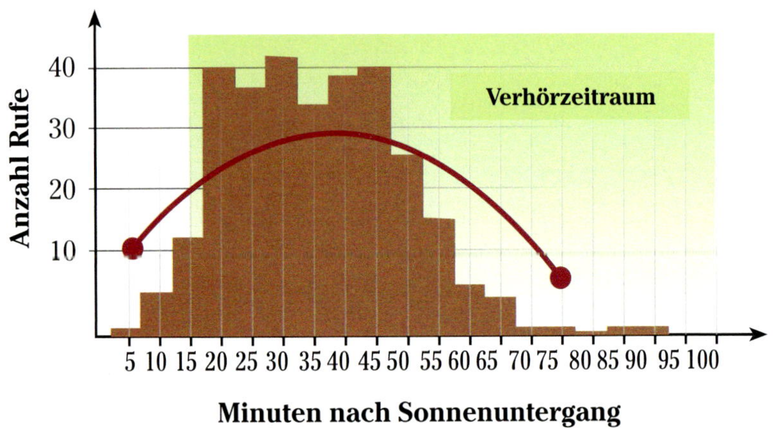

Grafik: Dr. Thomas Gehle

Rufaktivität bei Rebhühnern

Foto: Duncan Usher, Regina Usher

Beim Erfassen der Ketten und der Frühjahrsstreifgebiete des Rebhuhns sollte dokumentiert werden, ob sich die Besätze verändert haben. Daran lässt sich letztlich der Erfolg der Hegemaßnahmen messen. Es ist deshalb sinnvoll, Frühjahrs- und Herbstbesatz miteinander zu vergleichen.

Von Oktober bis März können Ketten und Völker erfasst werden. Neben Revierfahrten und Ansitzen auf andere Wildarten eignet sich dazu jede Form der Gesellschaftsjagd. Vor allem der Einsatz von Hunden ist effektiv, damit die Ketten auffliegen. Deren Stärke lässt sich so am besten ermitteln. Wollen Sie die Ketten häufiger beobachten, notieren Sie die einzelnen Sichtungen einfach in der Revierkarte.

Um den Frühjahrsbesatz zu taxieren, sollten Rebhühner zwischen Mitte März und Ende April verhört werden. Vor allem Hähne grenzen nach Auflösung der Wintervölker und zu Beginn der Verpaarung im zeitigen Frühjahr ihr künftiges Brutterritorium akustisch gegenüber anderen Artgenossen ab. Die Entfernung, bei der rufende Hähne deutlich wahrgenommen werden können, beträgt je nach Hintergrundgeräuschen und Witterung zwischen 100 und 300 Metern.

Bewährt hat sich ein Abendspaziergang auf festen Verhörstrecken. Sie sollten etwa 1500 Meter lang sein und sich im Wesentlichen am vorhandenen Wegenetz orientieren. Jeweils eine Zählperson läuft eine Strecke ab. Jede Verhörstrecke enthält neben einem Startpunkt in etwa gleichen Abständen zwei Orientierungspunkte und einen Endpunkt. Bei der Wiederholungszählung werden Start- und Endpunkt jeder Verhörstrecke getauscht. Je nach den örtlichen Gegebenheiten werden in einem 500 Hektar großen Gebiet etwa 16 bis 18 Personen benötigt.

Die Zählungen sollten 15 Minuten nach Sonnenuntergang beginnen. Sie dauern etwa eine Stunde und enden damit bei völliger Dunkelheit. Innerhalb von zehn Tagen sind mindestens zwei Zählungen erforderlich, um die Ergebnisse abzusichern. Weichen diese um mehr als ein Viertel ab, empfiehlt sich ein dritter Durchgang. Zusätzlich können Rebhühner, vor allem Hähne, dabei mit Klangattrappen zum Rufen animiert werden.

Bitte beachten Sie beim Verhören:

- Bei hoher Dichte kann sich das Wild gegenseitig akustisch stimulieren. Bei geringer Dichte kann die Rufaktivität deutlich herabgesetzt sein (nur zwei- bis dreimaliges Rufen an einem Abend). Daher sind Über- oder Unterschätzungen möglich.
- Unverpaart rufende Hähne (Singles) werden miterfasst.
- Nicht rufende, aber verpaarte Hähne werden unterschlagen.
- Häufiger und großräumiger Standortwechsel der Rebhähne kann zu Doppelzählungen oder Unterschlagungen führen.
- Große Rebhuhndichten und hohe Rufaktivitäten überfordern schnell den Zähler, da jedes Exemplar angesprochen werden muss. Zudem ist es oft schwierig, eine Unterscheidung zwischen bereits erfassten und nicht erfassten vorzunehmen.

Fotos an der Fasanen-Fütterung

Das Verhören der Fasanenhähne im Frühjahr vermittelt uns im Vergleich zum Rebhuhn nur einen groben Eindruck über besetzte Revierteile. In der Regel ist nämlich nicht bekannt, wie viele Hennen auf einen Hahn kommen. Um wenigstens einen Eindruck zu gewinnen, hilft es, zu wissen, wie sich die Größe des Fasanenbesatzes im Jahresverlauf verändert: Bei einem Geschlechterverhältnis von eins zu fünf leben im Frühjahr mit 100 Hennen nur 17 Hähne. Im Durchschnitt wird ein Fasan nicht älter als zwei Jahre, rund 60 Prozent (%) des Besatzes sterben pro Jahr. Wenn ab Mitte Juni 80 Hennen im Mittel 4,5 Küken großziehen, wachsen 180 Hennen und 180 Hähne nach. Stellt man sich nun vereinfachend vor, dass die 60 % des Besatzes, die jährlich sterben, bereits zum ersten Jagdtag nicht mehr leben, dann gibt es immerhin noch 191 Fasane, 112 Hennen und 79 Hähne. Diese Kalkulation gilt für ein Durchschnittsjahr.

Im Frühjahr ist es möglich, an Schütten und Futtereimern selbst oder mithilfe von Wildkameras zu zählen. Diese sind mittlerweile zu moderaten Preisen erhältlich und sollten in der Grundausrüstung des Niederwildjägers nicht fehlen. Klug eingesetzt und ausgewertet, erhält man störungsarm wertvolle Bilder, nicht nur vom Stammbesatz. Wer bis in die Aufzuchtzeit hinein füttert, erhält zudem einen Anhaltspunkt für den Bruterfolg und kann die Jagd dementsprechend planen.

Wildkameras sind mitterweile nicht mehr teuer. Sie sind das ideale Mittel, um sich etwa an Fütterungen einen Eindruck vom Fasananbesatz zu verschaffen.

Foto: FWJ

KLEINER

REVIER-KNIGGE

PARTNER FINDEN, LEBENSRÄUME VERBESSERN

Im Niederwildrevier ist das Gespräch mit Landeigentümern und -bewirtschaftern das A und O. Prof. Dr. Dr. Sven Herzog gibt Tipps, wie das zum Wohle des Wildes gelingen kann.

Der Pächter eines Rotwildrevieres im Staatsforst kann ein menschenscheuer Autist sein. Der Beständer eines Niederwildrevieres muss hingegen ein Kommunikationskünstler sein, möchte er dort etwas bewegen. Mit zahlreichen Akteuren des ländlichen Raumes gilt es, auf hohem Niveau zu sprechen. Denn eine mehr oder minder große Zahl von Landwirten bewirtschaftet dort eigene oder zunehmend gepachtete Flächen. Je nach Region gehören diese Flächen wiederum entweder mehrheitlich den Landwirten selbst oder einer meist großen Zahl von Eigentümern, die ihre Grundstücke verpachten.

Eines der Hauptprobleme ist der Strukturwandel in der Landwirtschaft – vom kleinbäuerlichen Familienbetrieb zu einem industrialisierten Wirtschaftszweig. Dem kann sich, selbst wenn er wollte, der einzelne Landwirt kaum entziehen. Das muss man wissen, um zu verstehen, wie ein Landwirt denkt, welche Sorgen ihn bewegen und welcher Termin- und Kostendruck auf ihm lastet. Genauso wichtig ist es aber auch, zu erkennen, wo es dem Bauern leicht fällt, durch Handeln oder durch Unterlassen etwas für Hase, Rebhuhn oder Fasan zu tun.

Wenn man als Pächter neu ist, sollten Sie sich daher allen Landwirten persönlich vorstellen. Ein paar unverbindliche Worte am Anfang machen es leicht, daran bei nächster Gelegenheit wieder anzuknüpfen. So lernen Sie die Dorfgemeinschaft kennen, erfahren etwas über die Meinungsführer und Außenseiter. Schnell hört man dadurch auch etwa von Flächen, die zum Verkauf stehen, oder von einer Streuobstwiese, die zu pachten ist. Erwerben Sie diese, können Sie dort selbst wildtierfreundlich wirtschaften und Inseln der Artenvielfalt schaffen. Ist das nicht möglich, bietet es sich an, das Stück Land einem Landwirt zu verpachten, der es dringend braucht. Im Gegenzug können mit ihm dafür an anderer Stelle im Revier Lebensraumverbesserungen vertraglich vereinbart werden.

Andere Möglichkeiten: Wenn man von nassen Stellen im Acker weiß, auf denen Schlepper regelmäßig bis zu den Achsen versinken, lassen sich diese vielleicht für eine kleine Gegenleistung in Zukunft beim Bestellen aussparen. Sollten Sie mitbekommen, dass jemandem eine Hecke im Weg ist und beseitigt werden soll oder ein Landwirt von der Gemeinde den Auftrag erhält, die Bankette der Wege zu mulchen – hingehen und mit ihm reden. Vielleicht kann dadurch im Vorfeld Einfluss auf die Art und Weise genommen werden, wie das geschieht. Erfährt man, dass etwa eine Umgehungsstraße geplant ist, kann mit regionalen Naturschutzgruppen ein Konzept für sinnvolle Ausgleichsflächen entwickelt werden. Kurzum: Das alles sind wichtige und notwendige Informationen, wenn wir das Revier für das Niederwild so gut wie möglich gestalten wollen.

Foto: Prof. Dr. Dr. Sven Herzog

Absprachen helfen: Inmitten bewirtschafteter Flächen können Jäger eine Insel der Artenvielfalt schaffen.

Ansprechpartner: Kirche

Informationen einholen über: Lage kircheneigener Flächen, Aktivitäten von Jugendgruppen

Maßnahmen: wildtierfreundliche Pflegemaßnahmen, gemeinsame wildtierfreundliche Gestaltung, Erwerb von Tausch- oder Pachtflächen für Landwirte

Ansprechpartner: Landwirt

Informationen einholen über: schwer bewirtschaftbare Rest- und Teilflächen, ertragsarme Teilflächen, Gründüngung, Zwischenfruchtanbau, Mähtermine

Maßnahmen: wildtierfreundliche Pflege- und Bewirtschaftungsmaßnahmen, aktive Flächengestaltung durch Revierinhaber auf unproduktiven Teilflächen, Nutzung günstiger Bewirtschaftungsmaßnahmen, Logistik der Gelege- bzw. Jungtierrettung

JÄGER/ PÄCHTER

Ansprechpartner: Lokale Naturschutzgruppen (auch: Bürgerinitiativen)

Informationen einholen über: Schwerpunktarten, laufende Projekte, geplante Eingriffe in die Natur

Maßnahmen: Einbeziehen der Niederwildarten in lokale Schutzkonzepte, Ausgleichsflächen zusammen gestalten, gemeinsamer Widerstand gegen Lebensraumverlust

Ansprechpartner: Grundeigentümer (nicht selbst Landwirt)

Informationen einholen über: Möglichkeiten des Flächenkaufs oder -pacht

Maßnahmen: aktive Flächengestaltung durch Revierinhaber, Erwerb von Tausch- oder Pachtflächen für Landwirte

Ansprechpartner: Gemeinde, Abwasser- und Landschaftsverbände

Informationen einholen über: Lage gemeindeeigener Flächen, Umgang mit Randflächen, Ruderalflächen (zum Beispiel Industriebrache, nicht genutzte Neubaugebiete), größere Bauprojekte mit Ausgleichsmaßnahmen

Maßnahmen: wildtierfreundliche Pflegemaßnahmen und Gestaltung von Wegen oder Gewässern, Erwerb von Tausch- oder Pachtflächen für Landwirte, Gestaltung von Ausgleichsflächen

Foto: Heinz Hess

DIE HEGE

Ausreichend Äsung und Deckung sind die Grundlage bejagbarer Niederwildbesätze. Wir zeigen Ihnen, wie Sie Ihr Revier auch langfristig aufwerten.

Foto: Peter Schmitt

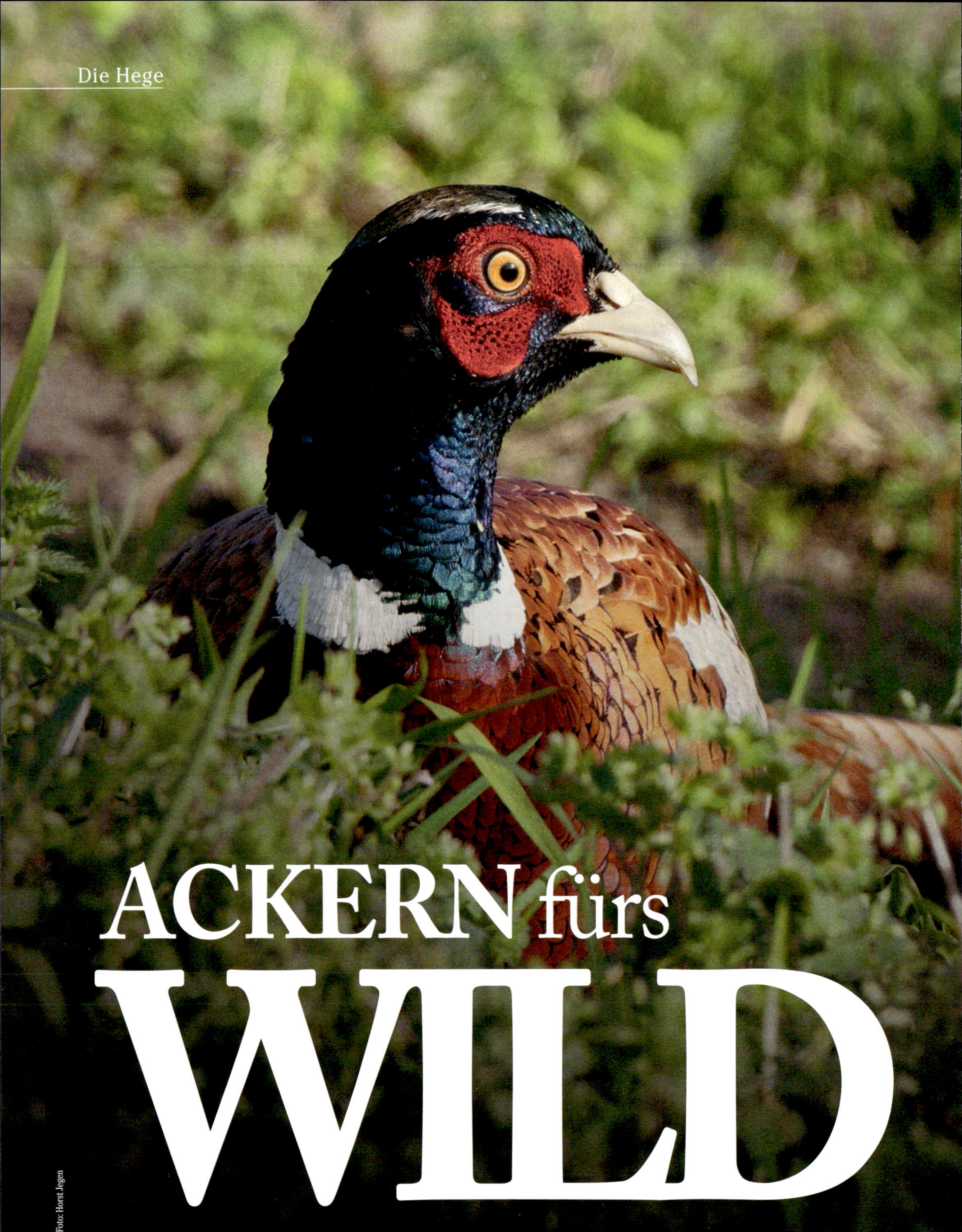

ACKERN fürs WILD

Foto: Horst Jegen

HABITATE SCHAFFEN

Ein- oder mehrjährig angelegte Flächen liefern dem Wild Deckung und Äsung. Aber wie müssen sie gestaltet werden, um dem Niederwild zu gefallen? Dr. Thomas Gehle hat dafür einen Bauplan und erklärt, was beachtet werden muss.

PLANEN, UMSETZEN & ERHALTEN –

die wichtigsten Eckpunkte:

- nur auf Flächen anlegen, die keiner naturschutzrelevanten Beschränkung unterliegen
- Mindestfläche: 0,1 Hektar (ha)
- Anlage von Streifen, Begrünung nicht breiter als 30 – 50 Meter
- Unterbrechen der Begrünung durch 3 – 5 Meter (m) breite Schwarzbrachestreifen
- Mindestabstand von 30 – 50 m zu viel befahrenen Straßen oder Autobahnen, um Wildunfälle zu vermeiden
- Fläche soll halbtags besonnt sein.
- im Falle einer Begrünung: Einsaat im Mai oder Juli
- im Falle einer Einsaat: Fläche ackerbaulich wie für eine Kulturart (etwa Weizen, Mais oder Kartoffel) vorbereiten (Bodenproben, Bodenbearbeitung, Düngung usw.)
- Gemenge (Aussaat 10 – 40 Kilogramm/ha) richtet sich nach Standort, Zustand der Fläche vor der Einsaat und geplanter Dauer der Maßnahme (einjährig oder mehrjährig)
- Empfohlen werden unter anderem: Esparsette, Kohl, Raps, Klee, Ölrettich, Ackerbohne, Senf, Lupine, Phacelia, Markstammkohl, Kulturmalve, Buchweizen, Knaulgras, Lieschgras
- keine Mahd, kein Schlegeln oder Fräsen vor dem 1. August

Die einzelnen Streifen können etwa die Maschinenbreite der Drillmaschine haben.

SO WIRD ES GEMACHT:

Es hat sich bewährt, die einzelnen Streifen in Maschinenbreiten zum Beispiel der Drillmaschine oder Fräse anzulegen. Die Grundidee dabei ist, ein Mosaik aus Nahrungs- und Deckungsflächen zu schaffen, welches gleichzeitig ein Sichern vor Feinden ermöglicht. Letzteres bleibt meist unberücksichtigt. Fasan, Rebhuhn und Feldhase sind aber Fluchttiere. Überdies brauchen Fasan und Rebhuhn nicht nur ein ausreichendes Sichtfeld, um ihre Feinde rechtzeitig erkennen zu können, sondern auch Platz für das An- und Abstreichen. Für eine erfolgreiche Flucht muss Deckung nicht nur da, sondern auch erreichbar sein.

Feldhasen dagegen drücken sich auch gern in der Sasse. Um diesen Bedürfnissen Rechnung zu tragen, werden zwischen die Ansaatflächen entweder Schwarzbrachestreifen oder Streifen mit niedriger Vegetation eingebracht. Im Sinne einer „Wegesimulation" kann sich der Hase beispielsweise morgens auf diesen Streifen trocken laufen oder der Rebhahn sein Territorium absichern. Wenn Raubwild die Streifen annimmt, wird es bereits von Weitem erkannt. Kommt es aus der angrenzenden Deckungsfläche, wird es frühzeitig vernommen.

Die Streifen enden vor dem Vorgewende. Das Vorgewende ist wiederum eine Fläche, die etwa mit einer Zwischenfrucht oder auch mit Blühmischungen eingesät werden kann. Grenzt das Vorgewende an einen Feldweg, kann man so Erholungssuchende zusätzlich lenken. Denn sie gelangen an Blüten, ohne die Wege verlassen zu müssen. Neben diesem Grundmuster sind Schlagaufteilungen sehr sinnvoll, ebenso wie das Erweitern von Rainen, Ufern, Schlagrändern oder beispielsweise den Schattenflächen von Hecken, Feldgehölzen oder Baumreihen.

Fotos: Dr. Thomas Gehle

Niederwildgerechte einjährige Schlagaufteilung. Will man Störungen durch Erholungssuchende während der Aufzuchtzeit minimeren, enden solche Anlagen wegseits vor dem Vorgewende.

Heckenanschluss: Der Streifen kann eingesät werden oder man lässt ihn sich selbst begrünen. Solche Säume schaffen Äsung und Deckung.

Mehrjährige Anlage einer Nahrungs- und Deckungsfläche: Wenngleich derartige Flächen dazu neigen, schnell zu vergrasen, stellen sie doch im Winterhalbjahr unverzichtbare Pufferzonen dar.

Einjährige Anlage einer Nahrungs- und Deckungsfläche: Mit dem streifenweisen Aufteilen der Fläche in Deckung, Schwarzbrache und Klee-Einsaat wird man den vier wichtigsten Bedürfnissen Ruhe, Äsung, Sicherheit und Feindvermeidung gerecht.

AUF EINEN BLICK:
PFLEGEZEITPLAN

EIN- UND MEHRJÄHRIG

Januar bis April: Akquisition und Planung, Anträge stellen, um Förderprogramme zu nutzen

Mai oder Juli: Herrichten und Anlage (Boden vorbereiten, Einsaat)

MEHRJÄHRIG

ab August oder im März: Je nach Aufwuchs, gezieltes Mulchen oder Mähen (Abfahren der Mahd), um niedrige Deckungsstrukuren oder Freiflächen (z. B. Schwarzbrache) zu schaffen.

Fotos: Dr. Thomas Gehle

Ein und dieselbe Saatmischung im selben Jahr auf unterschiedlichen Standorten: Viele Faktoren beeinflussen, was auf den Flächen aufläuft.

Gibt es eine Empfehlung für die Saatgutmischung?

Zwar fehlen systematisch kontrollierte Anbauversuche, wie wir sie aus Sortenversuchen der Landwirtschaft kennen, doch gilt folgender Grundsatz: Jede Fläche zählt! Es kommt nicht in erster Linie darauf an, welche Pflanzenarten sich in welchem Mischungsverhältnis im Gemenge befinden, sondern darauf, dass überhaupt Flächen angelegt werden. Denn vielfach wird man nehmen müssen, was man bekommen kann. Das gilt auch für das Gemenge.

Und selbst wenn man einen Landwirt an der Hand hat, der einem die Fläche perfekt einsät, entscheidet die Keimfähigkeit der Arten, die Witterung und die sich daraus ergebende Konkurrenz über den Zustand im Sommer.

Viel wichtiger sind zwei andere Punkte: Für die Saatgutmenge gilt der Leitsatz „Weniger ist mehr!" Gerade für mehrjährige Strukturen gilt es, die Vergrasung und Verunkrautung, zum Beispiel durch Brennnessel, Distel, Quecke oder Hirse, zu steuern. Im Einzelfall können schon 7 kg/ha reichen, bis zum Herbst eine lockere Deckung zu schaffen. Um die Vielfalt zu erhöhen, sollte man zusätzlich die Selbstbegrünung nutzen. Dabei wird ein Streifen gar nicht bearbeitet.

Welche Pflanzen werden von Hase, Fasan und Rebhuhn bevorzugt?

Für den Hasen in Mitteleuropa weisen Nahrungsanalysen darauf hin, dass die Hauptnahrungsmenge aus nur wenigen Arten besteht. Dies sind vor allem Kulturarten. Insgesamt konnte man im Nahrungsbrei aus Hasenmägen etwa 100 verschiedene Pflanzen nachweisen. Dabei ist zu bedenken, dass die Backenzähne des Hasen die Pflanzen derart zermahlen, dass vielfach bis zu einem Drittel des Mageninhaltes gar nicht näher zu bestimmen ist. Vermutet wird, dass fettreiche Pflanzenteile, wie etwa die Früchte des Klatschmohns, der Häsin helfen, gute Milch zu produzieren. Welche Rolle dabei die viel zitierte Hasenapotheke spielt, ist bis heute nicht untersucht. Doch gibt es allgemein Hinweise darauf, dass krankes Wild zielsicher diejenigen Pflanzen beäst, die einen möglichen Heilungsprozess fördern. Man denke etwa an die Wilde Möhre, deren ätherische Öle unter anderem wurmtreibende Wirkung haben.

Der Fasan ist polyphag, das heißt, er ist ein Pflanzen-Allesfresser: Gras, Klee, Wurzeln, Blätter, Blattspitzen, Knospen, Früchte (Beeren, Samen), Blüten, alles wird aufgenommen. Das Angebot bestimmt. Fasane stellen sich schnell auf neue Nahrungsquellen ein. Diese Polyphagie gilt grundsätzlich auch für das Rebhuhn. Beim Korngetreide bevorzugt es (von beliebt zu unbeliebt) allerdings Weizen, Gerste, Roggen und Hafer, bei den krautigen Pflanzen Knötericharten, Breit- und Spitzwegerich sowie den Feld- oder Ackerrittersporn.

BAUPLAN: FLÄCHEN FÜRS WILD

So sieht das optimale Grundmuster für Offenlandstrukturen aus. Das Seitenverhältnis beträgt etwa eins zu vier (zum Beispiel 50 × 200 m). Die kurzen Seiten dienen als Vorgewende, also zum Wenden des Schleppers.

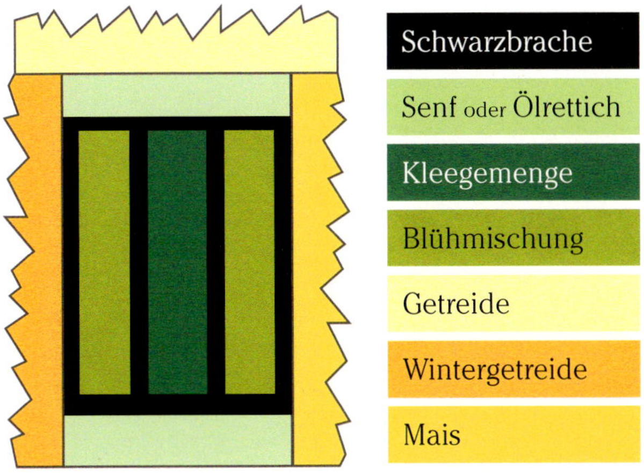

EINJÄHRIG

MEHRJÄHRIG

Foto: Reinhard Siegel

Hasen äsen bis zu 100 verschiedene Pflanzen. Aber auch sie haben darunter ihre Favoriten. Vor allem Kulturarten stehen hoch im Kurs.

Foto: Michael Breuer

Hecken, Ränder, Remisen

DAUERSTRUKTUREN

Über Jahre bestehende Strukturen bilden die Grundlage für gute Niederwildlebensräume und deren Vernetzung. Dr. Thomas Gehle zeigt, für welche vorhandenen Sie sich einsetzen sollten, Revieroberjäger Elmar Eickhoff, wie Sie neue schaffen.

Im Rahmen eines Projektes der Forschungsstelle für Jagdkunde zum Rebhuhn wurden in Rebhuhnstreifgebieten mit guten Besätzen im Sommer Randstrukturen, wie Wege und Altgrasstreifen, kartiert. Ergebnis: Wir können vermuten, dass es gerade in den niederwildreichen Gegenden Deutschlands viele Räume gibt, in denen noch fünf bis zehn Prozent der Fläche wertvolle Wegraine, abwechslungsreiche Dorfrandlagen sowie verwilderte Wege, Altgrassäume und Heckenstreifen gibt. Ein Beleg dafür, dass es Aufgabe des Hegers sein muss, diese Strukturen zu erhalten, zu pflegen und durch die Anlage von ein- und mehrjährigen Strukturen weiterzuentwickeln und zu vernetzen.

Um derartige, vorhandene Linearstrukturen mit allen Mitteln zu erhalten, ist vor allem der Kontakt zu Eigentümern, Bewirtschaftern und Lohnunternehmern gleichermaßen wichtig (siehe S. 52 – 53).

Fotos: Dr. Thomas Gehle

1 Feldwege

So nicht: Aus Sorge vor invasiven Arten, wie Quecke oder Distel, wurde mit einem Totalherbizid das ohnehin zuvor kurzgemähte Wegeprofil abgespritzt (l.). Es geht auch anders: artenreicher, verwilderter Weg (r.).

2 Schlagrandbereiche

Gerade Böschungsrändern oder Feldrainen, die aufgrund von kleinen Niveauunterschieden nicht beackert werden können, gilt besonderes Augenmerk. Und zwar nicht allein, um im Herbst dort Fasane zu jagen, sondern auch um sie als Fütterungs- und Fallenstandort gleichermaßen optimal zu nutzen. Es macht einen gravierenden Unterschied, ob ein Schlagrand ständig gemäht wird (o.) oder ob auf den nicht genutzten Flächen Ruderalflora wachsen darf (u.).

3 Fahrgasse

Selbstbegrünte Spur einer Fahrgasse in einem Weizenschlag Mitte Juli aus der Perspektive des Niederwildes: sehr lockere Vegetation, vor allem mit blühender Kamille. Solche Strukturen sind sehr wertvoll und könnten im Rahmen des Greenings weiterentwickelt werden, indem man die Kulturart (Getreide, Zuckerrübe, Mais) auf der Gasse nicht ausdrillt, sondern diese sich selbst überlässt. Die Gasse entspricht dann bis zur Ernte einer Schlagunterbrechung.

4 Selbstbegrünung

Selbstbegrüntes Bauland in Dorfrandlage. Im Umfeld dieser Fläche konnten im Frühjahr und Sommer bis zu fünf Rebhuhnpaare bestätigt werden.

NADELHOLZREMISEN

Richtig angelegt sind sie unersetzliche Rückzugsräume fürs Niederwild. Beim Pflanzen und bei der Pflege sollten einige Dinge beachtet werden.

Bei größeren Anpflanzungen sollte im Abstand von 1,5 Metern gepflanzt werden, um eine dichte Remise zu erhalten.

Der große Nutzen von Nadelhölzern gegenüber Laubhölzern ist für viele Tierarten der Schutz- und Deckungseffekt im Winterhalbjahr. Unter einem dichten Nadelholzdach finden alle Tiere meist ganzjährig trockene und geschützte Bereiche, in denen sie ruhen, scharren und, zum Beispiel Hühnervögel, hudern können. Zudem baumt der Fasan sehr gerne auf Nadelbäumen auf. Dort ist er durch die immergrünen Nadeln geschützt. Auch als Fütterungs- und Fallenstandorte sind diese Bereiche ideal.

Als Standort für die Anpflanzung von Nadelholz sind grundsätzlich alle Bodenverhältnisse, außer Staunässe, geeignet. In Hecken sollten einzelne Gruppen im Meterverband gepflanzt werden. Bei größeren Flächen hat es sich bewährt, in Reihen im Abstand von circa 1,5 x 1,5 Metern zu pflanzen. Ein im Reihenverband begründeter Bestand lässt sich leichter pflegen. In den ersten Jahren muss die Anpflanzung zweimal jährlich freigemäht werden. Das ist wichtig, damit die Bäume ihre Nadeln bis zum untersten Astquirl behalten, sodass der Bestand möglichst dicht wird. Ausfälle sollten zeitnah nachgepflanzt werden.

Besonders geeignete Standorte für Nadelholzanpflanzungen sind bestehende, lichte Laubholzbestände. Ein Schirm aus lichtem Laubholz hat den Vorteil, dass das Nadelholz langsamer wächst und somit länger in einem für das Niederwild optimalen Zustand bleibt. Im vollen Licht stehende Bestände wachsen sehr schnell ins Dickungsalter, in dem die natürliche Astreinigung beginnt. Das führt zum Lichtwerden der Bestände und dadurch zu einem geringeren Deckungseffekt. Deshalb sollten die Dickungen beim Beginn der Astreinigung geköpft werden. Dabei ist zu beachten, dass mindestens ein grüner Astquirl erhalten bleibt. Durch diese Maßnahme bleibt der Bestand länger im optimalen Deckungszustand.

Niederwildperspektive: Nadelholzremisen bieten eine hindernisfreie und trockene Deckung, die Schutz nach oben gewährleistet.

Durch das Köpfen wird langfristig eine optimale Deckung erreicht. Dabei sollte mindestens ein grüner Astquirl erhalten bleiben, damit der Baum wieder neu austreibt.

BROMBEERDECKUNG

Lebensraumverbessernde Maßnahmen sind meist arbeitsintensiv und teuer. Aber es gibt eine Nulltarif-Alternative.

Oft werden Feldgehölze erst durch die Brombeerbodendeckung als Lebensraum für das Niederwild interessant. Die Fasanenhenne hat im Frühjahr einen geschützten Platz für ihr Gelege. Im Winter finden die Feldhühner einen nach oben dichten Verhau, in dem sie sich trotzdem sicher bewegen können. Ähnliches gilt für den Hasen, der die Deckung sowohl als sicheren Platz für seine Jungen als auch als ruhiges Tagesversteck ganzjährig nutzt. Die immergrünen Blätter sind eine gerne genommene Äsung in der winterlichen Notzeit.

Natürlich muss man mit dem Grundeigentümer Kontakt aufnehmen, bevor man eine Pflanzaktion durchführt. Bei der Neuanlage von Hecken und Feldgehölzen sollten geeignete Teilbereiche für Brombeerdeckungen eingeplant werden. Selbst wenige Quadratmeter große Flächen erfüllen ihren Zweck. Besonders interessant ist die Anpflanzung von Brombeeren auch an Wegrändern. Hund und Herrchen werden in aller Regel freiwillig nicht hindurchgehen.

Es gibt wenig Pflanzmaterial, das so einfach und kostengünstig beschafft werden kann, wie das der Brombeere. Denn sie bildet Ausläufer, die, wenn sie den Boden berühren, wieder neue Wurzeln bilden. Man benötigt lediglich eine damit bewachsene Fläche, Arbeitshandschuhe und eine Gartenschere.

Brombeerbüsche bilden zwischen Wegen und Wildlebensräumen eine dichte, stachelige Barriere für Mensch und Hund.

Die gewurzelten Triebe werden „ausgegangen", vorsichtig aus dem Boden gelöst ...

... und auf Unterarmlänge zurechtgeschnitten.

Ist die Pflanzstelle freigelegt, wird der Steckling eingepflanzt ...

... und dann die Erde – wie bei anderen Pflanzungen auch – festgetreten.

Fotos: Elmar Eickhoff

FÜR FEUCHTE STANDORTE

Wildäcker, mit dem Beetpflug-Verfahren angelegt, bieten viele Vorteile. Ein ganz bedeutender: Vernässte Flächen – die normalerweise für eine Revieraufwertung nicht infrage kommen – können optimal genutzt werden.

Auf alten Bauernhöfen, vor allem in Realteilungsgebieten, kann man manchmal noch den Beetpflug finden. Er ist ein Überbleibsel einer alten Wirtschaftsweise. In Gegenden mit hohem Grundwasserspiegel und wasserundurchlässigen Erdschichten konnten die Felder nur oberirdisch durch Gräben entwässert werden. Deren Lage orientierte sich am Relief des Geländes und ergab dadurch einen chaotisch wirkenden Flickenteppich von Schlägen und Wiesen. Dabei wurden die einzelnen Parzellen so hochgepflügt, dass im Laufe der Jahre ein bis zu 1,5 m hoher Rücken entstand. Damit das Wasser abfließen konnte, wurden etwa 1,5 m breite Furchen zwischen den einzelnen Streifen angelegt, die in einen Graben mündeten. Für das Wild entstand dadurch eine paradiesische Anhäufung zahlreicher Grenzlinien mit ganzjähriger Äsung und Deckung. Gelege konnten bei Regen nicht vernässen, und alles Jungwild fand immer trockene Bereiche. Dem Raubwild fiel es schwer, in diesem flächendeckend optimalen Biotop ein Suchschema zu entwickeln. Um Erfolg zu haben, musste es das Revier komplett und nicht nur wenige Feldrandbereiche absuchen.

Befinden sich im Revier eigene Wildackerflächen, oder der Eigentümer erlaubt ein Umwandeln der Bewirtschaftung im Beetpflugverfahren, können diese Areale auf diese Weise für das Wild optimiert werden. Will man eine normale Fläche in eine mit dem Beetpflugverfahren bewirtschaftete umwandeln, muss man sich im Klaren sein, dass es nicht einfach ist, diesen neuen Status wieder rückgängig zu machen. Grundsätzlich kann man jede Fläche so bewirtschaften, aber besonders nasse Gebiete, auf denen ein normaler Wildacker kaum denkbar wäre, bieten sich dafür an. Zum Anlegen braucht man auch nicht zwangsläufig einen Beetpflug. Ein moderner Wendepflug ist ebenso dafür geeignet.

Der Beetpflug ist vielerorts verschwunden. Aber ein Wendepflug tut es auch.

SO FUNKTIONIERTS:

1 Zu Anfang wird die Fläche für das Beet eingemessen. Der erste Schlag erfolgt, indem Sie mittig über das Beet fahren. Dabei werden zwei Arbeitsbreiten so zusammengepflügt, dass die Feldmitte der höchste Punkt ist.

2 Den Gegenschlag pflügen Sie mit gewendetem Pflug in gleicher Fahrtrichtung wie zuvor. Dadurch entsteht ein kleiner Wall.

3 Anschließend pflügen Sie noch jeweils zwei Arbeitsbreiten rechts und links dieses Walles immer in Richtung Beetmitte.

4 Dann messen Sie die Breite des entstandenen Beetes. Je nach Arbeitsbreite wird es acht bis zehn Meter haben. Soll es größer werden, pflügen Sie einfach noch rechts und links eine Arbeitsbreite dazu. Nachdem der erste Streifen festgelegt ist, messen Sie den nächsten aus, pflügen ihn fertig, messen und pflügen dann fortlaufend weiter.

5 Zur Einsaat bereiten Sie die Fläche mit einer Kreiselegge vor. Sie nivelliert das zusammengepflügte Feld immer wieder so, dass es auch bei mehrmaligem Bewirtschaften nicht zu steil wird. Wichtig ist, dass die Furchen zwischen den Beeten dabei so abgeflacht werden, dass keine unüberwindbaren Jungwildbarrieren entstehen. Anschließend kann das Areal mit Hand- oder Drillsaat eingesät werden. Dabei müssen Sie darauf achten, dass die Gräben nicht mit den Anbaugeräten zugeworfen werden.

6 Bei starken Regenfällen sammelt sich das Wasser in den Furchen. Damit dadurch keine Jungwildfallen entstehen, sollten diese am Vorgewende mit einer Pflugfurche verbunden werden, die in einen Graben führt.

7 Das ideale Relief der einzelnen Beete bildet sich nach und nach mit dem erneuten Umbrechen in gleicher Art und Weise in den Folgejahren heraus. Die einzelnen Streifen sollten mit unterschiedlichen Mischungen und Einzelsaaten eingesät werden. Ziel ist es, in jedem Jahr einzelne Parzellen neu einzusäen. Es sollten möglichst nicht zwei Beete nebeneinander in einem Jahr gebrochen werden. Eine Verteilung der Neueinsaaten erhöht die Abwechslung und die Randeffekte.

Fotos: Elmar Eickhoff

4

5

6

7

Foto: Dr. Thomas Gehle

Füttern, fördern, freuen

PRAXISGERECHTES KONZEPT

In vielen Revieren ist die Futtergabe, neben der Raubwildjagd, das einzig verbliebene Mittel, um die Besätze zu stabilisieren und zu erhöhen. Welche Methoden sich für die drei Arten besonders eignen, schildert Dr. Thomas Gehle.

So unüberschaubar die Vielzahl an Maßnahmen zur Lebensraumgestaltung ist, so viele Möglichkeiten scheint es zu geben, Rebhuhn, Fasan und Feldhase zu helfen, über das gesamte Jahr ausreichend Äsung zu finden. Für die beiden Lauf- und Scharrhühner haben sich im Jagdbetrieb Schütten und vor allem Automaten unterschiedlichster Bauart etabliert.

FASAN & REBHUHN

Die Gabe von Futter ist in Zeiten knapper Nahrung und in Notzeiten sowieso angezeigt. Während der Fasan schnell und leicht ein solches Zusatzangebot nutzt, kann es sehr mühselig sein, Rebhühner an Fütterungen zu binden. Bei ganzheitlicher Hege – intensiver Beutegreiferkontrolle mit gleichzeitiger Lebensraumverbesserung – konnten beispielsweise in der Picardie (Frankreich) bei ganzjähriger Fütterung (eine Futterstelle pro Paar) noch bis 2009 Maximaldichten von 80 Paaren pro 100 Hektar Offenland erreicht werden – und das bei konventioneller Landwirtschaft!

Henne mit Jungen am Futter: Besonders Samen fehlen den Hühnervögeln heutzutage. Rund 30 bis 40 Prozent der Äsung beträgt aber der Bedarf. Dies gilt es über die Gabe von Weizen auszugleichen.

Je nach Lebensraum und Rebhuhndichte können zwischen zwei Fütterungen pro Paar bis hin zu zehn Fütterungen pro 100 Hektar angeboten werden. Bewährt haben sich einfache Fünf- oder Zehn-Liter-Eimer. Eine Baustahlmatte um diese herum verhindert, dass Schalenwild an das Futter gelangt. Sie wird mit zwei 70 Zentimeter langen Heringen gesichert. So hält sie selbst Hebeversuchen durch Schwarzwild stand. Die Eimer werden direkt in die „Wohnstube" des Rebhuhns gesetzt. Also dorthin, wo sie auch bestätigt wurden. Entscheidend ist dabei ein ausreichender Abstand zu Gehölzen von mindestens 200 Metern. Das erschwert es vor allem Sperber und Habicht, Hühner bei den Fütterungen zu schlagen. Die Stückkosten pro Futterstelle (Material und Futter) belaufen sich je nach Weizenpreis und Verbrauch auf rund 30 Euro. Für eine von Februar bis Mitte Juli betriebene Fütterung kann man grob mit einem Verbrauch von 40 Kilogramm Weizen rechnen.

Stehen die Anlagen, sollten sie regelmäßig auf ihre Funktionalität kontrolliert werden. Je nachdem, wie sie durch andere Vögel als Rebhühner (Fasanen, Finken, Tauben, Krähen, Gänse) angenommen werden, reicht beim Einsatz eines Fünf-Liter-Eimers die Futtermenge für 14 Tage nicht aus. Größere Eimer sind deutlich auffälliger, vor allem bei fehlendem Aufwuchs. Bei den Kontrollen sollte im ersten Jahr nach Hinweisen gesucht werden, ob die Fütterung angenommen wird. Achten Sie dabei auf Gestüber, Mauserfedern oder Geläuf. Notieren Sie sich, wann der Weizen das erste Mal angenommen wird. Das hilft, die Effizienz des Standortes zu prüfen. Damit Eimer und Baustahlmatten stehen bleiben und nicht fortgeräumt

Fotos: Dr. Thomas Gehle

Räuberfalle Fütterung: Hier hat es eine Ringeltaube erwischt.

Das äst Rebhuhn im Jahresverlauf

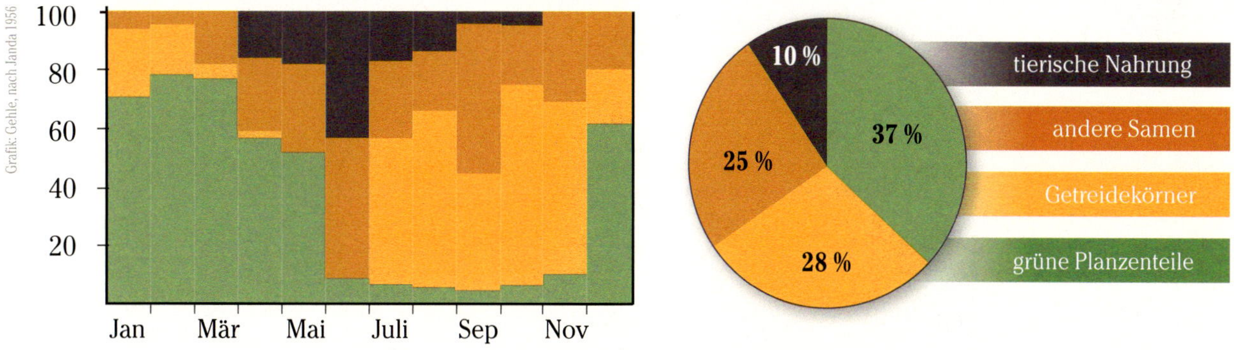

Die Zusammensetzung der Rebhuhnäsung ändert sich im Jahresverlauf deutlich. Das Angebot bestimmt. Auffällig im Vergleich zum Fasan (u.): Der Anteil tierischer Nahrung ist erheblich geringer.

Das äst der Fasan im Jahresverlauf

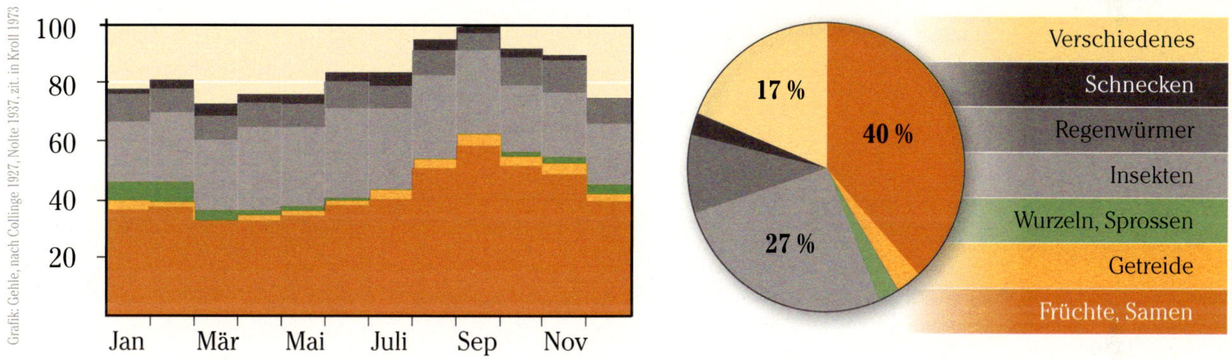

Der Fasan: Über ein Drittel der Nahrung ist tierischen Ursprungs. Die Wildart passt sich schnell dem jeweiligen Angebot im Revier an.

oder zerstört werden, ist ein guter Kontakt mit Eigentümern, Bewirtschaftern und Lohnunternehmern unabdingbar.

Die Erfahrungen mit Rebhuhnfütterungen sind in der Praxis sehr widersprüchlich. Sicher ist, dass es die Selbstverständlichkeit, mit der zum Beispiel in Belgien, Frankreich und England ganzjährig vor allem Getreide im Offenland angeboten wird, selbst in den Niederwildhochburgen von Nordrhein-Westfalen und Niedersachsen nie gegeben hat. Sachgerechte Fütterung ist aber in vielen Revieren neben der Jagd auf Beutegreifer die einzig noch verbliebene Möglichkeit, kurzfristig – also in einem Zeitraum von fünf bis zehn Jahren – diejenigen Exemplare und ihre Nachfahren zu retten, die bisher alle Widrigkeiten überlebt haben.

Für den Fasan kommt neben dem Futterautomaten noch die Schütte infrage. Klaus Schmidt, der im Fichtelgebirge nahezu fasanenleere Reviere in nachhaltig bejagungsfähige verwandelte, hält sie aber nur in Ausnahmefällen für geeignet. Je länger Schütten betrieben werden, desto größer wird die Anziehungskraft für Mäuse und Ratten. „Schütten kennt eben auch der Habicht, und er weiß, dass er hier nur einige Zeit warten muss, bis die Beute kommt“, schreibt Schmidt. Doch bei niedriger Greifvogeldichte bieten Schütten in Bereichen mit extrem dichter Deckung, wie etwa Brombeere, Schlehe oder Schilfkomplexen, guten Schutz. Ergänzt durch Sand oder Holzasche schätzt der Fasan diese auch zum Hudern und Aufnehmen von Magensteinchen. Ziel der Hege muss es sein, Nahrungsengpässe zu überbrücken. Sie treten besonders im Frühjahr auf. Was gegenüber dem Angebot vergangener Jahrzehnte besonders fehlt, sind Samen. Untersuchungen aus den 1950er-Jahren zur Äsung von Fasan und Rebhuhn zeigen deutlich, dass sich diese damals zu einem guten Drittel von Samen ernährten. Diesen heute fehlenden Anteil gilt es, durch die Gabe von Futterweizen wenigstens teilweise zu ersetzen.

FELDHASE

Sowohl in der Jagdpraxis als auch in der Jagdkunde herrscht nach wie vor die Meinung, dass sich eine Fütterung, vor allem im Winter, nicht lohne, weil dann das Wild selten von den natürlichen Futtervorräten abgeschnitten werde. Tritt jedoch ein solcher Zustand ein, ist dieser zweifelsfrei Notzeit im Sinne des Jagdschutzes (§ 23 BJG). Im niederwildreichsten Bundesland Nordrhein-Westfalen ist der Jagdausübungsberechtigte bei witterungs- oder katastrophenbedingtem Äsungsmangel sogar dazu verpflichtet, Wild angemessen zu füttern (§ 25 LJG NRW).

Traditionell legt man dem Hasen Saft- und Raufutter sowie Prossholz vor. Letzteres wurde auch immer wieder empfohlen, um Fraßschäden in Obstplantagen oder Weinbergen zu vermeiden. An mehreren Stellen im Revier können zudem Rüben oder Kartoffeln (Saftfutter), Heu (Raufutter) oder auch Getreide verteilt werden. Fütterungen mit Weizen für Rebhühner oder Fasan werden vom Hasen mitgenutzt. Teilweise kann es bereits ausreichen, natürliche Äsung zum Beispiel mithilfe eines Schneepfluges freizulegen.

Der Feldhase nimmt vor allem Grünäsung auf. Der Anteil Einkeimblättriger beträgt etwa 50 bis 70 Prozent. Er ist im Frühjahr und Sommer am größten und sinkt im Winterhalbjahr um etwa zehn Prozent zugunsten von Samen und Getreide. Jener von Holzgewächsen liegt hingegen bei nur vier bis acht Prozent.

Dennoch kann dem Hasen auch Prossholz angeboten werden. Dazu zählen Obstgehölze, etwa Apfel und Kirsche, sowie Weichlaubhölzer, wie Weide und Pappel. Auch Zweige von Eiche, Ulme, Robinie, Esche oder Ahorn eignen sich dafür. Das ortstypische Angebot sollte die Auswahl bestimmen. Geäst wird vom Hasen vor allem die Rinde der Äste.

Welche Stellen zur Vorlage oder dem Freilegen von Winteräsung besonders geeignet sind, lässt sich herausfinden, indem man nicht nur vor der Jagd, sondern auch bei Nahrungsknappheit den Hasen mit dem Scheinwerfer taxiert. Gerade im Winterhalbjahr entstehen immer wieder Hasenansammlungen an lokal guten Nahrungsquellen oder, etwa ab Januar, auf Rammelplätzen. Mit Rücksicht auf die Landwirtschaft sollte das Futter auf Schlaggrenzen oder an Wegrändern ausgelegt werden.

In Notzeiten kann Feldhasen zusätzlich mit vorgelegtem Prossholz – Äste von Obst- und Weichhölzern – geholfen werden.

Foto: Gerhart Dagner

Fotos: Dr. Thomas Gehle

Weizenfütterungen für das Flugwild werden auch von Hasen angenommen.

Rebhuhnfütterungen sollten idealerweise auf den Schlaggrenzen im Offenland platziert werden – der Abstand zum nächsten Gehölz: mindestens 200 Meter. Schütten hingegen gehören in Feldhecken, die von oben dicht sind.

SPENDEN leicht gemacht

BAUANLEITUNG
FÜTTERUNG

Um Feldhühner zu füttern, reicht es nicht, etwas Kaff in eine Hecke zu schmeißen. Dr. Francis Buner und Dr. Carlos Sánchez von der Game & Wildlife Conservation Trust (GWCT) zeigen, wie Sie sich einen bewährten Futterspender schnell selbst bauen können und was Sie dabei beachten sollten.

Feldhühner stehen vor allem zum Ausgang des Winters vor einer großen Herausforderung – dem „Hungerloch". Denn dann findet sich nur wenig natürliche Nahrung. Die GWCT hat nachgewiesen, dass die Winterfütterung nicht nur zu einer besseren körperlichen Kondition von Rebhuhn und Fasan beiträgt, sondern auch die Zahl der Singvögel steigen lässt. Zudem wählen Rebhühner ihr Brutrevier oft in der Nähe einer Fütterung. Dieses Verhalten dient der Feindvermeidung, da weniger Zeit und kürzere Wege zur Futtersuche und -aufnahme benötigt werden. Fütterungen sind also nachweislich eine nützliche Einrichtung für Feldhühner und helfen zudem auch anderen Arten.

4

6

Fotos: Dr. Carlos Sánchez

So bauen Sie eine Feldhuhn-Fütterung

1> FUTTER
Wir empfehlen Weizen. Der hat einen hohen Energiegehalt und viele Proteine. Zudem lässt er sich leichter lagern und ausbringen als andere Getreidearten, auch weil er nicht zusammenklebt, wenn er feucht wird.

2> FUTTERTONNE
Um das Futter vor Nagern wie Ratten zu schützen, sollte sie aus Metall oder Hartplastik sein. Sie sollte maximal 40 Liter fassen, um sie leicht umstellen zu können. Fässer oder stabile Eimer, die jeder zu Hause hat, sind bestens dafür geeignet.

3> FUTTERSPENDER
Das kann ein einfacher Spalt im Tonnen- oder Eimerboden, ein Loch an der Seite oder eine Futterspirale sein. Hauptsache der Weizen kann von allein nachrutschen. Futterspiralen müssen passend zur Korngröße ausgewählt werden. Für Rebhühner sollte der Futterspender nicht höher als 20 bis 25 Zentimeter angebracht werden. Für Fasane kann er etwas höher sein.

4> SCHUTZVORRICHTUNG
Wir empfehlen, die Fütterungen mit einer gebogenen Baustahlmatte und/oder Gatterzaun zu ummanteln. Das verhindert, dass Greifvögel Rebhuhn oder Fasan beim Äsen schlagen können. Zudem kann Schalenwild nicht an das Futter gelangen. Ist mit Schwarzwild zu rechnen, sollten Sie das Konstrukt mit Erdankern sichern.

5> AUFSTELLEN
Die Futtertonnen werden entweder auf ein einfaches Gerüst gestellt oder an Äste oder Zaunpfosten gehängt. Wichtig ist, dass Sie jederzeit den Standort wechseln können.

6> REGELMÄSSIGER STANDORTWECHSEL
Fütterungen sollten in bestimmten Abständen etwa 25 Meter weitergestellt werden. Bei Ratten im Revier müssen die Fütterungen alle sieben bis zehn Tage umgesetzt werden, damit die Nager sich dort nicht ansiedeln. Sind keine vorhanden, reicht es, die Fütterung alle drei Wochen umzustellen, um die Gefahr von Krankheitsübertragungen zu minimieren. Die Feldhühner finden den neuen Ort nach ein bis drei Tagen.

Foto: Werner Kuhn

Die Agrarreform 2015 – 2020 sowie die Agrarumweltprogramme der Länder sind beschlossen. Jetzt geht es darum, die Wildlebensräume nach den gegebenen Vorschriften des Greenings und der Programme der Länder bestmöglich zu gestalten. Welche Optionen sich für Jäger und Landwirte bieten und was dabei beachtet werden muss, zeigt Werner Kuhn.

Chance oder Hürde?

30 Prozent (%) der Direktzahlungen erhalten Landwirte nur dann, wenn sie konkrete Umweltleistungen erbringen. Verpflichtend ist das Greening für alle Landwirte, die die Direktzahlungen der EU 2015 beantragen. Sie setzen sich aus der Basisprämie, der Umverteilungsprämie und der Greeningprämie zusammen. Ausgenommen vom Greening sind Landwirte nur, wenn sie weniger als 15 Hektar (ha) bewirtschaften sowie Betriebe des ökologischen Landbaues und Betriebe, die ausschließlich auf Dauerkulturen, wie Hopfen, Obst und Wein, wirtschaften.

Das Greening beinhaltet den Erhalt der Dauergrünlandflächen, wie Weiden und Wiesen, die Anbaudiversifizierung, die zu einer Erhöhung der Fruchtartenvielfalt bei den Ackerkulturen führen soll, und die Bereitstellung von 5 % ökologischen Vorrangflächen (öVF) auf Ackerland. 2017 kann eine Erhöhung auf 7 % erfolgen.

1

Fotos: Werner Kuhn

Soll auf Grünland ein Wildacker entstehen, muss vorab geprüft werden, ob das dort überhaupt zulässig ist.

2

Die Anbaudiversifizierung wird wohl nur in Regionen, in denen Mais zur Biogasgewinnung sowie zur Viehhaltung angebaut wird, zu merklichen Veränderungen führen.

1 Erhalt von Dauergrünland

In FFH-Gebieten gilt ein absolutes Dauergrünlandumbruch- und Umwandlungsverbot. Es schließt auch das Pflügen zum Erneuern ein. Um die Grasnarbe zu verbessern, ist nur die Schlitzsaat erlaubt. Darüber hinaus besteht eine Anzeigepflicht. Die Umwandlung von Grünland außerhalb von FFH-Gebieten ist nur noch mit Genehmigung möglich. Die kann erteilt werden, wenn es sich um Dauergrünland handelt, das im Rahmen von Agrarumweltprogrammen oder ab 2015 neu entstanden ist. Das heißt, bei Grünlandflächen (auch im Wald) muss geprüft werden, ob die Fläche überhaupt – etwa in einen Wildacker – umgewandelt werden darf. Nur wenn die Fläche bislang in keinem Agrarantrag erfasst wurde, kann noch frei verfügt werden.

2 Anbaudiversifizierung

Befreit sind Betriebe mit weniger als zehn ha Ackerfläche (AF), Betriebe mit mehr als 75 % der beihilfefähigen Flächen an Dauergrünland und Ackergras oder Betriebe mit mehr als 75 % Ackergras und Stilllegung, sofern die übrige AF weniger als 30 ha ausmachen, sowie Betriebe mit mehr als 50 % Flächentausch. Es wird unterschieden zwischen Betrieben, die zwischen zehn und 30 ha AF oder mehr als 30 ha AF bewirtschaften. Erstere müssen mindestens zwei Kulturen anbauen. Wobei eine nicht mehr als 75 % der gesamten AF ausmachen darf. Zweitere müssen mindestens drei Kulturarten anbauen, wobei die erste Hauptfrucht nicht 75 % Umfang überschreiten darf. Außerdem darf der Anteil der beiden Hauptfruchtarten nur maximal 95 % betragen. Unterschieden wird hier nach botanischer Gattung.

Diese Regelungen werden lediglich die Regionen betreffen, in denen Tierhaltung und Biogas zusammentreffen und deshalb sowohl Körner- als auch als Silomais (eine Gattung) die wichtigste Hauptfrucht bilden. Hier könnte es zu einer gewissen Ausweitung enger Fruchtfolgen kommen. Für den Großteil der landwirtschaftlichen Betriebe stellt die Anbaudiversifizierung keine große Hürde dar und wird somit in den Revieren zu keiner spürbaren Veränderung führen.

3 Ökologische Vorrangflächen (öVF)

Als solche anerkannt werden stillgelegte Flächen, Feldrandstreifen, Pufferstreifen, Streifen entlang von Waldrändern, stickstoffbindende Pflanzen (Leguminosen), Winterzwischenfrüchte und -mischungen, Cross-Compliance-Terrassen und -Landschaftselemente. (Cross Compliance [CC] bezeichnet die Verknüpfung von Prämienzahlungen mit der Einhaltung von Umweltstandards.) Dies wären zum Beispiel Hecken, Baumreihen und Gräben.

Die Bereitstellung ökologischer Vorrangflächen kann über diverse Maßnahmen erfolgen (s. Tabelle S. 79). In vielen Regionen wird der größte Teil der öVF über den Zwischenfruchtanbau und den Anbau von stickstoffbindenden Pflanzen erfolgen. Trotz des sehr hohen Regelungsbedarfs und der administrativen Vorgaben ermöglichen die Maßnahmen einiges an Optionen zur Lebensraumverbesserung. Wo möglich, wird der Landwirt primär das Potenzial der bestehenden Landschaftselemente nutzen. Werden die noch mit zusätzlichen Rand- oder Pufferstreifen ergänzt, können sehr komplexe Niederwildlebensräume entstehen.

Wenn Flächen brachgelegt werden – ein jährlicher Wechsel ist möglich –, wäre es wünschenswert, dass dieselben über mehrere Jahre stillgelegt werden. Denn erst ab dem zweiten Standjahr sind Blüh- und Brachflächen für das Niederwild nutzbare Brut- und Setzhabitate.

Es ist genau darauf zu achten, dass die Höchstbreiten bei den Streifenvarianten nicht überschritten werden, da sonst die jeweilige Fläche mit entsprechenden Kürzungen und Sanktionen für die Greeningprämie aberkannt wird. Die Selbstbegrünung ist mög-

3

Die Gestaltung ökologischer Vorrangflächen wie Feldränder sowie deren Größen sind an bestimmte Vorgaben geknüpft.

lich, bringt aber nicht den gewünschten Lebensraumeffekt. Gerade bei mehrjährigen Flächen ist eine hochwertige Ansaatmischung zielführender. Auf öVF sind im Gegensatz zu den Blühflächenprogrammen keine „Zwangsmischungen“ verpflichtend vorgeschrieben. Hier kann auf bewährte Mischungen wie der „Lebensraum I“ zurückgegriffen werden. Während des Verpflichtungszeitraumes dürfen zur ökologischen Optimierung keine Mulch- und Schwarzbrachestreifen angelegt werden. Der Pflanzenschutz- und Düngemitteleinsatz auf den Flächen ist verboten.

In der vergangenen Förderperiode konnten solche Bereiche von der Mulchpflicht entbunden werden. Jetzt gilt, dass der Aufwuchs jährlich zu zerkleinern oder zu mähen ist. Die zuständige Behörde kann auf Antrag Ausnahmen genehmigen. Um den Kahlschlag auf der Fläche zu umgehen, empfiehlt es sich, jährlich jeweils nur die Hälfte zu mulchen.

Voraussichtlich wird in guten Ackerbaugebieten mit einem hohen Anteil an Sommerungen (Zuckerrüben, Mais) der Zwischenfruchtanbau weit überwiegend als öVF umgesetzt werden. Die Aussaat muss vom 16.7. bis spätestens 1.10. erfolgen. Zur Einsaat sind Kulturpflanzenmischungen vorgeschrieben. Keine Art darf einen höheren Anteil als 60 % an den Samen haben. Auch der Anteil der Gräser darf insgesamt nicht über 60 % liegen. In der Vergangenheit wurde vorwiegend Senf als Zwischenfrucht genutzt. Für das Niederwild ist er eine wertvolle Bereicherung mit viel Deckung. Zwischenfruchtmischungen mit niedrigem Senfanteil sind zwar etwas teurer, bieten dem Niederwild aber abwechslungsreichere Äsung und zudem üppige Deckung.

Der Aufwuchs ist nur durch die Beweidung mit Schafen und Ziegen nutzbar, allerdings ist Mulchen auch möglich. Der Bewuchs muss bis zum 15.2. des Folgejahres bestehen bleiben, wobei ein Abfrieren des Aufwuchses unschädlich ist. Danach ist die Nutzung möglich. Das wiederum bedeutet aber, dass ein Teil der Winterbegrünung während der Setz- und Aufzuchtzeit geerntet werden kann.

Gewichtungsfaktoren für verschiedene Kategorien von ökologischen Vorrangflächen

Kategorie		Gewichtungsfaktor
brachliegende Fläche		1
Terrassen		1
Landschaftselemente [1]		
Hecken und Knicks	*(unter CC-Schutz)*	2
Einzelbäume		1,5
Baumreihen		2
Feldgehölze		1,5
Feldraine		1,5
sonstige Landschaftselemente (zum Beispiel Lesesteinwälle)		1
Feldränder (nicht unter CC-Schutz)		1,5
Pufferstreifen an Gewässern		1,5
Streifen beihilfefähiger Flächen entlang von Waldrändern		1,5
Agroforstflächen		1
Flächen mit Niederwald mit Kurzumtrieb		0,3
Aufforstungsflächen		1
Flächen mit Zwischenfruchtanbau oder Gründecke		0,3
Flächen mit stickstoffbindenden Pflanzen		0,7

Quelle: Bundesministerium für Ernährung und Landwirtschaft

[1] *Für Gräben gilt ein Gewichtungsfaktor von 2. Dieses Landschaftselement wird voraussichtlich nur in einzelnen Bundesländern unter Cross Compliance geschützt und kann nur dort als ökologische Vorrangfläche ausgewiesen werden.*

Übersicht der „Entwicklungspläne ländlicher Räume" der Bundesländer für die Förderperiode 2014 – 2020

Bundesland	Bezeichnung	Agrarumwelt- und Klimamaßnahmen (AUKM)	Art der AUKM	Förderhöhe in €/ha Ackerfläche	Nutzung des Aufwuchses
Baden-Württemberg	FAKT E 2.2	Brachenbegrünung mit Blühmischungen, Variante mit gleichzeitiger Anrechnung als öVF beim Greening	ein- oder mehrjährig	330	Keine Nutzung
	FAKT E 2.1	Brachenbegrünung mit Blühmischungen, Variante ohne gleichzeitige Anrechnung als öVF beim Greening	ein- oder mehrjährig	ca. 710	
Niedersachsen und Bremen	BS1	einjährige Blühstreifen – Grundförderung (BS11) und Zusatzförderung (BS12)	einjährig	max. 975	
	BS2	mehrjährige Blühstreifen	mehrjährig		
Nordrhein-Westfalen	10.1.3	Anlage von Blühstreifen	ein-/mehrjährig	max. 1200	
Sachsen	AL 5c	mehrjährige Blühflächen	mehrjährig		
	AL 5d	einjährige Blühflächen (jährliche Neuansaat)	ein-/mehrjährig		
Rheinland-Pfalz	M 10.1	Anlage von Saum- und Bandstrukturen auf Ackerflächen	einjährig	max. 1000	
			mehrjährig	max. 740	
Sachsen-Anhalt		Bereitstellung von Struktur- und Landschaftselementen	einjährig	600	Keine Nutzung
			mehrjährig	750	
Schleswig-Holstein		Ackerlebensräume	keine Angaben	600–750	
		Kleinteiligkeit im Ackerbau	keine Angaben	150–400	
Thüringen	A411	Blühstreifen ohne Kulissenbezug	einjährig	720	
	V411	Blühstreifen in Verbindung mit ökologischen Vorrangflächen	einjährig	340	
	A412	mehrjährige Blühstreifen ohne Kulissenbezug	mehrjährig	680	
	V412	mehrjährige Blühstreifen in Verbindung mit ökologischen Vorrangflächen	mehrjährig	300	
	A421	Blühstreifen in Kulissen	einjährig	865	
	V421	Blühstreifen in Kulissen in Verbindung mit ökologischen Vorrangflächen	einjährig	485	
	A422	mehrjährige Blühstreifen in Kulissen	mehrjährig	800	
	V422	mehrjährige Blühstreifen in Kulissen in Verbindung mit ökologischen Vorrangflächen	mehrjährig	420	
Hessen	C.3.1	einjährige Blühstreifen/-flächen	einjährig	max. 750	
	C.3.2	mehrjährige Blühstreifen/-flächen	mehrjährig	max. 600	
Mecklenburg-Vorpommern		Bereitstellung von Struktur- und Landschaftselementen	einjährig	750	
			mehrjährig	750	
Saarland	8.2.5.3.4	Integration naturbetonter Strukturelemente der Feldflur	einjährig	600	
			mehrjährig	600	
Bayern	8.2.5.3.11.11	jährlich wechselnde Blühstreifen	einjährig	600	
		Blühflächen an Waldrändern und in der Feldflur	mehrjährig	ca. 600	

Der Anbau stickstoffbindender Pflanzen, insbesondere von Grobleguminosen, wie Erbsen oder Sojabohnen, erweitert das Kulturartenspektrum und ist dem Niederwild auch aufgrund ihrer Struktur förderlich. Wenn der Landwirt Luzerne als eine der mehrjährigen, kleinkörnigen Leguminosen wählt und diese über Jahre nutzt, kann die Fläche auch ebenso lange als öVF genutzt werden.

Auf öVF kann entweder die Selbstbegrünung zugelassen oder gezielt angesät werden. Die Auswahl der Saatgutmischung ist bei dieser Maßnahme den Landwirten freigestellt.

4 Agrarumweltmaßnahmen der Bundesländer

Die Maßnahmen sollen dazu beitragen, landwirtschaftliche Produktionsformen umweltfreundlicher zu gestalten. Einzelne Maßnahmen sind (in den Ländern unterschiedlich) als Greeningmaßnahme anrechenbar. Besonders die Förderung der Blühflächen ist für das Niederwild einer der wichtigsten Bausteine. Nahezu alle Bundesländer bieten Blühflächenprogramme als einjährige oder mehrjährige Varianten an. Zugenommen haben die einjährigen Blühflächen. Der Nutzen für das Niederwild und andere Offenlandarten ist außer als Äsungsfläche eher gering. Hier leisten mehrjährige ein Vielfaches mehr. Die Saatmischungen müssen mit einer vorgegebenen Artenliste übereinstimmen, um die Förderung zu erhalten. Einige Länder fordern Neukreationen, die so artenreich sind, dass sie eher auf dauerhaften Naturschutzflächen als auf temporären Ackerflächen ansaatwürdig wären. Sie wurden aber noch in keiner mehrjährigen Feldprüfung getestet. Die Forderung nach „regionalem Wildpflanzensaatgut" treibt die Saatgutkosten nicht unerheblich in die Höhe.

In kleinstrukturierten Agrarräumen sollten die Erwartungen an die Greeningmaßnahmen nicht so hoch sein, denn die Vorgaben werden bereits durch die vielfältige Ausstattung mit Landschaftselementen erfüllt. Wie erfolgreich die Agrarreform für die Gestaltung des Niederwildlebensraumes wird, wird man Ende 2015 sehen. Dann wird sich zeigen, welche Wege die Landwirte einschlagen.

In kleinstrukturierten Gegenden werden die Greeningmaßnahmen meist schon über die vorhandenen Landschaftselemente erfüllt.

4

Foto: Werner Kuhn

DIE RETTUNG

Alljährlich fordert die Landwirtschaft unzählige Opfer beim Jungwild. So können Sie Verluste reduzieren.

Foto: Arterra, Sven-Erik Arndt, agefotostock.com

Retten, was zu retten ist

MÄHVERLUSTE VERMEIDEN

Jährlich werden Tausende Stück Niederwild, deren Nachwuchs und Gelege ausgemäht. Was der Jäger dagegen tun kann, schildert Revieroberjäger Elmar Eickhoff

Fotos: Gerhard Kalden, Ulf Muuß

Um Niederwild zu finden, muss der Jäger mit dem Vorstehhund an der Feldleine bei der Mahd vor Ort sein.

Mähverluste beim Wild gibt es, seit gemäht wird. Sogar bei der Arbeit mit der Sense wurden fest sitzende Fasanenhennen getötet. Graf Louis Károlyi beschreibt in seinem Buch „Waidwerk ohne Gleichen", wie vor dem Zweiten Weltkrieg in seinem Revier Tótmegyer auf über 30 Hektar großen Grünlandflächen Mähverluste vermieden wurden: Da für solche Flächen die Vorstehhunde nicht ausreichten, ließ er mehrere 100 Meter lange Schnüre, an denen im Meterabstand Glöckchen befestigt waren, über die Schläge ziehen. So konnten die brütenden Fasanenhennen, die diese Prozedur nicht aushielten, gefunden, die Neststandorte markiert und beim Mähen ausgespart werden. Das Stehenlassen von Gras um das Gelege war früher eine weitverbreitete Methode, um etwa Fasanenhennen weiterbrüten zu lassen. Wenn man heute so verfahren würde, dauerte es nicht lange, bis Rabenvögel, Fuchs oder Marder der Henne samt Gelege den Garaus machen würden.

Die Gefahr für die Feldbewohner stieg mit der Geschwindigkeit des Mähvorganges durch technische Weiterentwicklungen. Solange das Mähwerk nur an einer Seite des Traktors angebaut wurde, konnte der kundige Fahrer immer in die Mähschwade sehen. Bei den heute üblichen Mähwerken an beiden Seiten und an der Front des Schleppers müssen sich die Fahrer bei den hohen Fahrgeschwindigkeiten ganz auf ihr Arbeitsgerät konzentrieren. Die Mähwerke mit integrierten Knickern leisten nicht nur saubere Mäharbeit, sondern töten das Wild oft sofort. Das und der allgegenwärtige Zeitdruck bei Lohnarbeiten sorgen für eine gewisse Distanz und Desinteresse des Arbeiters gegenüber dem Geschehen in der Wiese. Zudem werden Mähtermine oft spontan festgelegt, was aus organisatorischen Gründen eine Rettung des betroffenen Wildes unmöglich macht. Aber auch unter den heutigen Bedingungen gibt es Methoden, um Mähverluste bei Hase, Fasan und Rebhuhn zu minimieren.

FELDHASE

Junghasen (l.) sind gut getarnt und geben kaum Wittrung ab. Meister Lampe flüchtet ungern über gemähte Areale, weshalb der Schlag nicht von außen angemäht werden sollte (o.).

Fotos: Wolfgang Radenbach, Bildagentur Schilling

Alt- sowie Junghasen lassen sich mit keiner bekannten Methode zuverlässig vor dem Mähtermin aus den Flächen vertreiben. Einerseits ist es unwahrscheinlich, dass die Häsin einen vor der Mahd aus der Wiese getragenen Junghasen wiederfinden würde, wenn er außerhalb des gewohnten Ablegeplatzes gebracht würde. Andererseits würden aus der Fläche vertriebene Hasen schnell wieder dahin zurückkehren.

Deshalb muss der Jäger mit seinem Vorstehhund zur Suche beim Mähtermin vor Ort sein. Aus Sicherheitsgründen muss der Vierläufer dann aber grundsätzlich an der Feldleine geführt werden. Gefundene Junghasen sollten nur mit Gras angefasst werden, um keine menschliche Wittrung an ihnen zu hinterlassen. Sie dürfen nicht zu weit vom Fundort wieder freigelassen werden. Wenn Ruhe eingekehrt ist, wird das Muttertier in der Regel die Jungen suchen und in eine sichere Deckung führen.

Junghasen in den ersten Lebenswochen geben aber wenig Wittrung ab und drücken sich konsequent. Auch mit guten Vorstehhunden ist es äußerst schwierig, eine Wiese flächendeckend nach ihnen abzusuchen. Deshalb sollten, um Verluste zu minimieren, zusätzlich akustische Scheuchen an den Mähwerken angebracht werden.

Werden Alt-, vor allem aber mobile Junghasen vom Hund oder vom Mähwerk aufgescheucht, verlassen sie nur sehr ungern die ehemals sichere Deckung. Ganz im Gegenteil: Sie laufen oft direkt in den Hauptgefahrenbereich zurück. Deshalb sollte grundsätzlich von innen nach außen, ohne die Fläche vorher von außen angeschnitten zu haben, gemäht werden. Dabei wird das Wild aus dem Gefahrenbereich gedrückt, und kann ihn verlassen, ohne vor der Barriere einer angeschnittenen Freifläche zurück ins Verderben zu flüchten. Wenn irgendwie möglich, sollte der Jäger auf dem Mähwerk mitfahren und dabei die Fläche von oben genau beobachten. Nur so kann er eingreifen, wenn Hasen vor den Mähmessern hochwerden und in unmittelbare Gefahr geraten.

Auch beim Abmulchen der Wintergründüngung vor dem Umbruch zur Maisaussaat können Junghasen in Gefahr geraten. Die Häsin legt den ersten Satz gerne in die verbliebenen hohen Deckungsflächen ab.

FASAN

Wurde die Henne zuvor nicht gestört und kommt nur ein Seitenmähwerk zum Einsatz, kann sie ihre Küken in Sicherheit bringen.

Fotos: Michael Breuer, Bildagentur Schilling

Bei frühen Mähterminen erwischt es nur die Eier, bei späten auch die fest sitzende Henne.

Deutlich komplizierter ist es, Fasane vor den Mähwerken zu retten. Zunächst stellt sich die Frage, ob es für den Fasan besser wäre, wenn Wiesen früh im April oder später im Mai oder Juni gemäht würden. Die Fasanenhenne kann ab Ende März mit der Eiablage beginnen. Das bedeutet, dass bei einem frühen Mähtermin nur die Fasaneneier betroffen sind, weil die Henne noch nicht fest brütet. Sie wird an anderer Stelle ein neues Gelege anlegen. Somit halten sich die Verluste zumindest in Grenzen. Bei Mähterminen ab Mai sitzen die meisten Hennen fest auf ihren Eiern, wodurch sie mitsamt dem Gelege verloren gehen.

Die einzige Chance, brütende Hennen zu retten, besteht darin, sie zu finden, vom Nest zu vertreiben und die Eier zum Ausbrüten mitzunehmen. Sie wird nach einiger Zeit an anderer Stelle ein Nachgelege anlegen. Nach wie vor schlägt dabei die Stunde der Vorstehhunde. Hennen legen ihr Gelege meistens in einem circa 20 Meter breiten Streifen am Feldrand an. Müssen große Flächen abgesucht werden oder drängt die Zeit, sollte man dort gezielt suchen.

Späte Mähtermine haben zwar zwei große Vorteile. Zum einen wird die einzelne Fläche nicht so häufig gemäht und zum anderen sind viele Wildarten schon größer und somit weniger gefährdet. Jedoch entstehen die heikelsten Situationen bei der Fasanenrettung während später Mähterminen, wenn die Jungfasane schon geschlüpft sind. Durch Absuchen mit dem Vorstehhund können flügge Fasane nicht sicher vergrämt werden. Wird die Henne durch den Hund oder die Mähmaschine gestört, warnt sie ihre Jungen. Die Jungfasane verteilen sich nach dem Aufflattern auf einer mehrere 100 Quadratmeter großen Fläche und werden im wahrsten Sinne des Wortes unsichtbar. Auch die noch flugunfähigen Jungfasane verteilen sich auf einer kleineren Fläche und drücken sich ebenso konsequent. Dieses natürliche Verhalten ist erfolgreich zum Schutz vor Prädatoren. In der Evolution des Fasans waren Mähmaschinen aber nicht vorgesehen, was dann zur tödlichen Gefahr wird. In der Praxis ist es fast unmöglich, diese Fasane zu retten. Die Henne muss die weggeflogenen Jungfasane wieder zusammenlocken, was zum Wettlauf gegen die Zeit wird, auch weil die Küken schnell auskühlen. Außerdem sind sie bis dahin ein gefundenes Fressen für viele Prädatoren.

Die größten Überlebenschancen haben die Küken, wenn die Fläche, in der die Jungfasane eingegrenzt werden, nicht gemäht wird. Folgt nach der Mahd eine Beweidung, kann das eine realistische Lösung sein. Das funktioniert natürlich nur, wenn der Jäger vor Ort und der Landwirt guten Willens sind.

Eine weitere Chance, Verluste von Jungfasanen zu senken, besteht dann, wenn nur ein Seitenmähwerk benutzt wird und der Fahrer mit viel Fingerspitzengefühl mäht. Wird die führende Henne nicht von Hund und Jäger gestört, kommt es mitunter vor, dass sie ihr komplettes Gesperre aus der Gefahrenfläche führt.

REBHUHN

Fotos: Werner Kuhn, Bildagentur Schilling

Rebhühner brüten weniger im Grünland als im Getreide oder an und in Feld- und Grabenrändern. Die sollten deshalb nicht gemulcht werden.

Das Rebhuhn beginnt ungefähr vier Wochen später mit der Eiablage als der Fasan. Jeder Jäger hat diesbezüglich wahrscheinlich den Merksatz „erster Mai, erstes Ei" im Hinterkopf. Die Brut dauert etwa drei Wochen, wenn es zu keinen Störungen durch Gelegeverluste oder landwirtschaftliche Maschinen kommt. Aufgrund der fortgeschrittenen Vegetation findet das Feldhuhn in seinem typischen Lebensraum, der offenen Feldflur, in den Wintergetreideschlägen seinen bevorzugten Neststandort. Mähverluste kommen dort in der Hauptbrutzeit ab Mitte Mai bis Juni nicht vor. Rebhuhngelege werden nur selten in Wiesen angelegt, weil diese zur Brutzeit häufig schon gemäht wurden und der neue Aufwuchs nur eine suboptimale Deckung bietet. In extensiv bewirtschafteten Wiesen mit einem späten Schnitt zur Heugewinnung kann es aber zu Gelegeverlusten oder zum Ausmähen der brütenden Henne kommen. Das gleiche gilt für das Mulchen von Feld- und Grabenrändern. Eine wirksame Methode, das zu verhindern, ist das Absuchen mit dem Vorstehhund. Oder Sie überzeugen den Landwirt, diese Strukturen nicht oder später im Jahr zu mähen.

WÄRMEBILDGERÄTE

Große Hoffnungen ruhen seit über 20 Jahren auf verschiedenen Systemen, die elektronisch die Wärmeabstrahlung des Niederwildes erkennen.

Diese Geräte sind aber bis heute nicht bis zur Praxisreife entwickelt worden. Das Problem ist, dass Bestandsungleichmäßigkeiten eine unterschiedliche Wärmeabstrahlung bedeuten, sodass etwa jeder Maulwurfshaufen einen Fehlalarm auslöst. Auch hohe Umgebungstemperaturen verhindern ein Unterscheiden von Körpertemperaturen. Aber selbst wenn es ausgereifte Systeme geben würde, wäre es aus Kostengründen fraglich, ob sie auch flächendeckend eingesetzt würden, solange es dazu keine Verpflichtung gäbe.

Foto: Jens Krüger

Die Biomassegewinnung durch Grünroggen kostete diesen Junghasen das Leben.

NEUE GEFAHREN

Der Anbau von Grünroggen für Biogasanlagen ist eine neuere Wirtschaftsweise, die eine Gefährdung allen Jungwildes darstellt. Der Roggen bildet früh eine große Blattmasse und ist somit eine hervorragende Deckungskultur für Hase, Fasan und Rebhuhn. Zudem wird er zum Ablegen der Junghasen und dem Anlegen von Gelegen genutzt. Die Ernte erfolgt meistens Anfang Mai, um als Folgefrucht Mais legen zu können.

Der Grünroggen wird mit den modernen Wiesenmähwerken gemäht, geknickt und geschwadet. Bisher war das Wintergetreide die ungestörte Kinderstube, in der das Jungwild vor den großen Maschinen bis zur Getreideernte im Sommer sicher war. Die Grünroggenernte ist somit eine neue Verlustursache, die einen hohen negativen Einfluss auf die Reproduktion des Niederwildes hat. Schutzmaßnahmen im Grünroggen sind schwierig, weil aufgrund der bis zu mannshohen Wuchshöhe ein Absuchen große Probleme bereitet. Außerdem würden dadurch Trittschäden entstehen, die der Landwirt oft nicht duldet.

Solche früher unbekannten Verluste entstehen heute auch beim Dreschen von Getreide. Durch leistungsfähige Mähdrescher mit mehr als sieben Metern Arbeitsbreite in Verbindung mit großen Schlägen können auch schon Monate alte Jungfasane in Gefahr geraten. Gerade spät geschlüpfte Küken aus Nachgelegen werden so lange vor der Maschine hergetrieben, bis sie irgendwann zu langsam werden und in den Mähdrescher geraten.

Wild und Hund

Niederwild-Set

Ideal zum Zerwirken von Hase, Kaninchen oder Flugwild. Scharfes, handliches Messer mit Klinge aus 420er-Stahl, Schere für Flügel u. ä., rutschfeste Kratongriffe in Signalorange, inkl. Nylontasche.

Artikel: 45010357 **€ 19,90***

Aufbrechsäge Sagens

Speziell für das sichere Aufbrechen der Becken- und Brustknochen des Wildes entwickelt. Keine Beschädigung der inneren Organe. Größe: 6 cm / 8,5 cm.

Artikel: 30010306
Niederwild **€ 29,90***
Hochwild **€ 37,40***

AKAH Futteral Loden

Edle Loden-Elchleder-Kombination für feine Waffen mit TSA-Zahlenschloss und abnehmbaren Trageriemen, Größe: 128 cm.

Artikel: 30010529 **€ 95,-***

Wildwanne faltbar

Optimale, wasserdichte Transport- und Bergehilfe, die Wildwanne passt in jedes Auto. Aus reißfestem Oxford-Nylon gefertigt, seitliche Trageschlaufen. Fassungsvermögen: 140 Liter. Größe: 70 x 50 x 40 cm.

Artikel: 30010417 **€ 59,90***

Niggeloh Gewehrgurt Neopren

Hoher Tragekomfort durch breites, weiches Neoprenteil. Geräuschlos beim Hantieren mit der Waffe. Nur 95 Gramm. Für alle Waffen mit Riemenbügeln geeignet (min. 20 mm Durchlass).

Artikel: 30010524 **€ 49,90***

Gun Plug Laufstopfen

Verhindern Nässe, Schmutz und andere Verunreinigungen im Lauf. Keine Veränderung der Treffpunktlage. Inhalt: 10 Stück.

Artikel: 70010117 **€ 6,50***

AKAH Gewehrriemen Loden

Feinstes, samtweiches Elchleder aus Finnland, mit original österreichischem Loden belegt, mit rutschfestem, federndem Neopren abgepolstert. Mit Blitz-Riemenknopf zur Befestigung.

Artikel: 30010517 **€ 99,-***

Für Damen & Herren!

AIGLE Parcours 2 Vario

Der Klassiker aus namhaftem Hause, gehört in jede Jagdausrüstung. Mit 3-Schichten-Dämpfungssohle für ermüdungsfreies Gehen. Material: Obermaterial 100 % Naturkautschuk, Innenfutter 65 % Polyester, 35 % Baumwolle. Bis Größe 47.

Artikel: 25010738 **€ 145,-***

Metallgalgen

Stabile Ausführung mit Befestigungslasche. Der Galgen eignet sich für 15 - 20 Vögel.

Artikel: 30010410 **€ 7,-***

Niggeloh Mündungsschoner Neopren

Eignet sich für (fast) alle Waffen, durch Stretchkordel verschließbar und unverlierbar mit der Waffe verbunden, absolut lautlos.

Artikel: 30010568 **€ 15,-***

Bestell-Hotline: 02604 978-777 *Lieferung zzgl. Versandkosten, portofrei ab 100,- € Einkaufswert.

Niederwildjagd Nr. 23

Die vielfältigen Wild- und Jagdarten bei der Niederwildjagd begeistern jeden passionierten Jäger. Abwechslungsreicher Anblick und gute Jagdstrecken sind garantiert! 49 Minuten Laufzeit.

Artikel: 17010127 € 34,-*

Tauben- und Krähenjagd

Von den Plätzen über perfekte Tarnung bis hin zur Errichtung verführerischer Lockbilder verrät der bekannte Profi, wie erfolgreiche Tauben- und Krähenjagd wirklich funktioniert. 128 Seiten. 22,1 x 16,5 cm.

Artikel: 10010574 € 22,95*

Alles Ente - Das Kochbuch

50 originelle und außergewöhnliche Rezepte rund um das schmackhafte Flugwild. 240 Seiten. Zahlreiche Farbfotos. 28 x 29 cm.

Artikel: 10010655 € 49,90*

Jagd in Dänemark Nr. 81

Dänemark hat eine lange Tradition für Treibjagden auf Fasane sowie Niederwildjagd. Wir jagen jedoch ebenfalls auf Hirsche und starke Rehböcke. 70 Minuten Laufzeit.

Artikel: 17010185 € 34,-*

Reinigungsmittel-Set BoreBlitz

Lauf- und Patronenlager werden schnell, gründlich, schonend und technisch richtig in Schussrichtung gereinigt, ohne die Waffe zu zerlegen. Inhalt: Reinigungsschnur, Öse, Kunststoffgriff, Reinigungs-, Schmier- und Konservierungsmittel. (Inhalt: 15 ml). Kaliber: 12, 16, 20, 410, 22

Artikel: 30010485 € 23,95*

Buschierjagd in Schottland Nr. 57

Folgen Sie der fröhlichen Gesellschaft dänischer und schwedischer Jäger auf ihre Buschierjagd in Schottland. Hier finden sie eine Vielzahl von Niederwild vor, wie es sie nur in Schottland gibt. 73 Minuten Laufzeit.

Artikel: 17010161 € 34,-*

Moderne Gänsejagd mit Alexander Busch

Jagen Sie erfolgreich und waidgerecht auf die großen Entenvögel. 45 Minuten Laufzeit.

Artikel: 17010078 € 24,90*

Rottumtaler Kaninchenklage

Artikel: 30010367 € 24,-*

Rottumtaler Krähen- und Entenlocker

Lockjagd ist aktives Jagen. Dieser bedienungsfreundliche Locker überzeugt durch seine große Reichweite und täuschend echtem Klang.

Artikel: 30010411 € 34,-*

HÜHNER von der STANGE

AUFZUCHT UND AUSWILDERUNG VON FASANEN

Mithilfe von Zwerghühnern können Mähverluste von Fasanenhennen kompensiert und überlebenswichtige Verhaltensmuster an die Küken weitergegeben werden. Wie das funktioniert, beschreibt Revieroberjäger Elmar Eickhoff.

Der gewissenhafte Niederwildheger sucht die zur Mahd anstehenden Wiesen mit dem Vorstehhund ab und versucht, gefährdete Fasanenhennen zu retten und deren Gelege zu sichern. Ebenso lohnt es sich, nach der Mahd übersehene Gelege, beziehungsweise deren Überreste zu suchen, um eventuell heil gebliebene Eier für die Aufzucht der Küken zu verwenden. Grundsätzlich sollten angebrütete Eier so schnell wie möglich weiterbebrütet werden. Selbst erkaltete Eier müssen nicht zwangsläufig absterben. Häufig schlüpfen die Küken nur später.

Sichergestellte Eier können mit einer Schierlampe durchleuchtet und so die verbleibende Brutzeit eingeschätzt werden. Zum Ausbrüten dient oftmals eine Brutmaschine. Die Aufzucht mit Zwerghennen hingegen erhöht die Überlebenschancen der Fasane im Revier erheblich. Küken von Wildfasanen bringen [illegible] tinkte ihrer Eltern mit – im Gegensatz zu seit Jahrzehnten aus der Zucht stammenden Volierenfasanen. Bei ihnen wird nur mit den verträglichsten Tieren gezüchtet. Natürliche Selektion spielt dabei keine Rolle mehr.

Der Vorteil, Fasanenküken mit Zwerghennen aufzuziehen, besteht darin, dass die Küken sich auf die Henne prägen und von ihr viele wichtige Verhaltensweisen lernen. Deshalb müssen die Zwerghühner so naturnah wie möglich gehalten werden.

Idealerweise sind sie frei laufend und kennen von Greifvogel bis Fuchs sowie Marder und Katze die Feinde im Revier. Bewährte Brutrassen sind zum Beispiel Seidenhühner, das Deutsche Zwerghuhn und Zwerg-Wayndotten, wobei erstere nicht aufbaumen und dieses lebenswichtige Verhalten nicht weitergeben können. Die verschiedenen Zwerghuhnrassen können auch untereinander [illegible]

oto: Zul32/Wikimedia

Ein richtiger Zuchtstamm entsteht am besten, indem nur mit Naturbruten gearbeitet wird. Im Hühnerstall müssen genügend Brutboxen sein, um zur richtigen Zeit genügend gluckende Hennen zur Hand zu haben. Bevor die erste Mahd ansteht, sollten die angebrüteten Eier durch Gipseier ersetzt werden. Die Zwerghennen lassen sich dadurch täuschen und bleiben so länger auf dem Gelege sitzen. Zum Ausbrüten und zur Aufzucht der Fasanenküken wird eine kurz gemähte Wiese benötigt. Am besten ist sie so angelegt, dass die Henne und ihre Küken immer im Blick sind. Zum Schutz vor Katzen und Raubwild ist es wichtig, die Wiese mit einem Elektro-Schaf-Zaun zu sichern.

Bevor die ersten Fasaneneier anfallen, wird die fest gluckende Zwerghenne mit den Gipseiern in eine Aufzuchtbox gesetzt. Die Attrappen werden dann gegen die Fasaneneier getauscht. In den ersten Tagen bleibt der Auslauf verschlossen, damit die Henne nicht vom Gelege aufsteht. Futter und Wasser werden deshalb in der Box angeboten. Erst nach einigen Tagen wird der Schieber entfernt. Die Henne kann dann selbstständig fressen, schöpfen, hudern, scharren und sich lösen.

Ein Teil der Hennen wird nicht weiterbrüten, das Gelege aufgeben und sich erst zu einem späteren Zeitpunkt wieder setzen. Erfahrungsgemäß findet sich nur eine von fünf Hennen, die zur richtigen Zeit gluckt, die untergelegten Eier ausbrütet und die Küken führt. Sind zur Brutzeit nicht genügend Glucken vorhanden oder ein Huhn gibt das Gelege auf, nachdem die Gipseier mit Fasaneneiern ausgetauscht wurden, können diese Eier parallel in einer Brutmaschine bebrütet werden. Setzt sich dann doch noch eine Henne, können die Eier aus der Maschine wieder unter die Henne gelegt werden. Ebenso ist es möglich, mit überzähligen Eiern aus der Brutmaschine ausgeschierte Eier unter den Zwerghennen zu ersetzen.

Das Schieren (Durchleuchten der Eier mit einer Speziallampe) sollte nach der ersten und zweiten Brutwoche erfolgen. Nicht befruchtete, beziehungsweise abgestorbene Eier werden entfernt, damit sie nicht faulen. Schlüpfen in der Brutmaschine Küken, können sie einer Zwerghenne zur Adoption untergeschoben werden. Am besten funktioniert das, wenn die Küken gleich alt sind. In einen Brutkalender werden alle wichtigen Eckdaten eingetragen. Wer sich einmal ein Fasanenei kurz vor dem Schlupf ans Ohr hält und den Locklaut der Henne nachahmt, wird feststellen, dass das Küken bereits antwortet. Henne und Küken nehmen also schon vor dem Schlupf Kontakt auf und gewöhnen sich aneinander. Das setzt sich in der Prägungszeit nach dem Schlupf fort. Locken, Warnen und viele andere lebenswichtige Verhaltensweisen lernt das Küken zu dieser Zeit. Es ist interessant zu beobachten, wie die Henne warnt, wenn ein Greifvogel über den Aufzuchtplatz fliegt und das ganze Gesperre unter ihr verschwindet oder sich versteckt.

Eine Kükentränke und ein Futterbrett ersetzen den Fress- und Trinknapf nach dem Schlupf. Wichtig ist, dass die empfindlichen Küken nicht nass werden und dadurch verklammen. Zur Fütterung dient der „Putenstarter P1“, der mit dem Hennenfutter gemischt wird. Die Glucke wird die Küken an die Tränke und an das Futterbrett heranführen. Sie müssen penibel sauber gehalten und mehrmals am Tag nachgefüllt werden. Bei länger anhaltendem Regen wird der Auslauf mit einer Ondulineplatte abgedeckt. Weil die Küken vom ersten Tag an der Witterung ausgesetzt sind, können sie sich gut auf ihr Leben im Revier vorbereiten. Die Henne wird den Küken nach dem Schlupf das Scharren zur Nahrungssuche zeigen. Ihre natürliche Nahrung – Insekten – verfolgen die Küken sofort. Man sollte den Küken Ameiseneier „aus eigener Zucht“ in ihren Auslauf schütten. Man erhält sie, indem

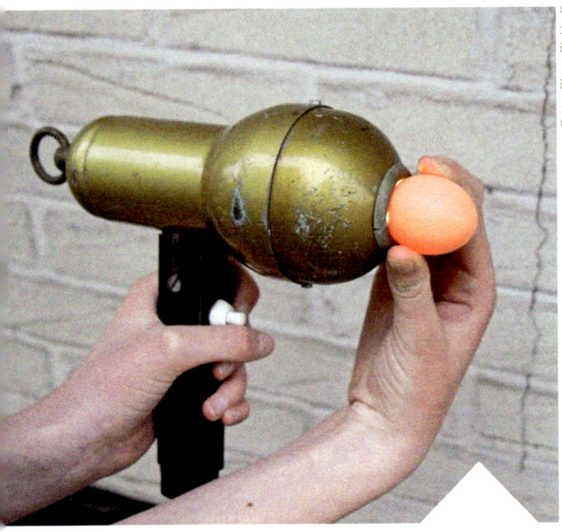

Fotos: Elmar Eickhoff

Das Schieren – hier bei einem Zwerghuhnei – erfolgt normalerweise in einem dunklen Raum.

Erst wenn die Henne fest in der Brutbox sitzt, werden die Eier untergeschoben.

Die ersten Tage bleibt die Henne mit Wasser und Futter eingesperrt, damit sie das Gelege nicht verlässt.

Die AUFZUCHT im JAHRESLAUF

Überlebenswichtig: Die Zwerghenne bringt den Jungfasanen natürliche Verhaltensweisen wie das Aufbaumen bei.

MAI:

- Absuchen der Mähwiesen nach Fasaneneiern
- Aufzuchtwiese mähen und mit Schafzaun schützen
- Gluckende Zwerghenne mit eigenen Eiern/Gipseiern in Brutkiste setzen
- Nach zwei Tagen Eier gegen Fasaneneier tauschen
- Nach der ersten und zweiten Brutwoche Schieren der Fasaneneier
- Schlupf nach circa 24 Tagen

JUNI:

- Fasanenküken mit „Putenstarter P1"-Hennenfutter-Gemisch auf Futterbrett füttern
- Kükentränke und Futterbrett penibel sauber halten, mehrmals täglich kontrollieren
- Auslauf alle zwei Tage verlegen, bei Regen abdecken
- Nach etwa drei Wochen Henne und Küken mit Auslauf in Voliere bringen

JULI:

- Bei gutem Wetter den Auslauf so hochstellen, dass nur die Küken darunter durchschlüpfen können
- Wenn die Küken nicht mehr gehudert werden, den Auslauf so hochstellen, dass auch die Henne hinausschlüpfen kann
- „Putenstarter P2"-Hennenfutter-Gemisch in einem Futternapf neben den Auslauf stellen
- Ein Jungfasan sollte jetzt auf fünf Quadratmeter Volierenfläche kommen

AUGUST:

- Zwerghenne sollte nun mit Küken in der Voliere aufbaumen
- Ab der zwölften, besser nach der 16. Lebenswoche Auswildern der Fasane

SEPTEMBER:

- Falls Auswildern der Fasanenhennen im kommenden Frühjahr angedacht ist, überzählige Hähne auswildern, bis ein Geschlechterverhältnis von einem Hahn zu zehn Hennen in der Überwinterungsvoliere entsteht
- Ein Jungfasan sollte jetzt auf zehn Quadratmeter Volierenfläche kommen
- Fütterung der Fasane mit Weizen

OKTOBER BIS MÄRZ:

- Überwintern der Fasane in Voliere
- Bei Verlusten von Hähnen ist ein Geschlechterverhältnis von 1 Hahn zu 30 Hennen unproblematisch

APRIL:

- Fasane aus Voliere ins Revier bringen, wenn das Wintergetreide Deckung bietet
- Voliere nach Bedarf mit Gras nachsäen
- Zwerghühner mit Legemehl sowie Quetschhafer und Auslauf auf Gras zum Brüten bringen
- Fasane beginnen zu legen, frühe Mähtermine können erste Eier bringen

Die Fasane müssen ausreichend gegen Raubwild und Raubzeug geschützt werden, sonst kann die ganze Arbeit, wie im Bild, umsonst gewesen sein.

Fotos: Elmar Eickhoff

Die Ausläufe sollten auf kurz gemähtem Gras stehen. Alle zwei Tage werden sie verschoben.

Ganz oder gar nicht

Wer sich die Arbeit mit der Aufzucht von ausgemähten Gelegen mit Zwerghühnern macht, sollte vor dem Auswildern der Fasane deren Lebensraum im Revier verbessern und das Raubwild scharf bejagen. Kein Bauer käme auf die Idee, sein teures Saatgut in der Wüste zu verteilen und im Herbst auf reiche Ernte zu hoffen.

Foto: Bildagentur Schilling

man frühzeitig Gehwegplatten auslegt. Schon bald legen die Ameisen darunter Nester an. Wenn das Gras im Auslauf von der Henne mit Küken „abgegrast" ist, wird der Auslauf verlegt.

Durch genaues Beobachten von Henne und Küken, gerade in den ersten Tagen, bekommt der „Züchter" viele Einsichten in die Lebensbedingungen und Probleme der Fasane im Revier. Die Bedeutung der Witterung bei der Suche nach Insekten in großen Feldern unter den heutigen Bedingungen in der Landwirtschaft wird deutlich. Weiterhin wird klar, wie schutzlos sie der Übermacht der Beutegreifer ausgeliefert sind.

Die Küken bekommen schon nach einigen Tagen die ersten Federansätze und können wenig später flattern und kurze Strecken fliegen. Schnell wird ihnen der Auslauf zu klein, und es folgt die Entscheidung, ob die Küken aus dem Garten heraus verwildern sollen oder die weitere Aufzucht in einer Voliere erfolgt. Da nur wenige Jäger im Revier wohnen, wird oft die weitere Aufzucht in einer Voliere vorgezogen.

Diese sollte mit Gras eingesät sein. Wenn der Besatz einer Überwinterungsvoliere nicht höher als ein Tier auf zehn Quadratmeter ist, wird die Grasnarbe nicht so stark beansprucht, dass sie nachgesät werden muss. In einer Voliere mit einem Besatz von einem Jungfasan auf fünf Quadratmetern tritt bei der Zwerghennenaufzucht auch kein Federpicken auf.

An einem trockenen und warmen Tag bringt der Heger die Henne samt Gesperre in die Voliere und setzt sie in ihren gewohnten Auslauf. Am nächsten Tag wird ein Stein so unter den Auslauf gestellt, dass nur die Küken, nicht aber die Henne unter ihm hindurchschlüpfen können.
Das Gras im Umkreis des Auslaufs sollte kurz gemäht sein. Im näheren Bereich des Aufzuchtkastens wird das Jungwild nach Nahrung suchen, sich aber immer wieder von der Henne in den Kasten zurückrufen lassen. Als Futter wird zu „Putenstarter P2“ gewechselt, der mit Weizen gemischt und in einen Napf geschüttet wird. Wichtig ist, die Küken zu beobachten, um festzustellen, dass sie nicht unter Krankheiten leiden. Typische Jugendkrankheiten sind der Befall mit Rotwürmern und Coccidiose, die aber meistens erst nach der Aufzucht von Fasanen an einem Platz über mehrere Jahre hintereinander auftreten. Bei der Behandlung hilft ein Tierarzt.

Der Aktionsradius der Küken wird immer größer. Wenn die Küken nicht mehr gehudert werden und das Federkleid voll entwickelt ist, kann die Aufzuchtkiste so hochgestellt werden, dass auch die Henne unter ihr durchschlüpft. Futter und Wasser bekommen sie dann nach und nach außerhalb des Aufzuchtkastens. Die Henne wird die Küken weiterhin führen. Wichtig ist, dass in der Voliere Nadelbäume und Sträucher als Schutz und zum Aufbaumen vorhanden sind. Eine richtig geprägte Zwerghenne bringt den Jungfasanen diese überlebenswichtige Verhaltensweise bei.

Ab der 16. Woche können die Fasane ausgewildert werden. Eine Auswilderungsvoliere im zentralen Revierbereich ist dabei von Vorteil, aber nicht unbedingt nötig. Es reicht auch, die Fasane morgens in einer Transportkiste ins Revier zu bringen und den Schieber vorsichtig zu öffnen. Einige Stunden später die leere Kiste einfach wieder abholen. Die Fasane können dann langsam ins Freie laufen und haben den ganzen Tag Zeit, sich in ihrer neuen Umgebung zu orientieren. An der Auswilderungsstelle sollte eine mit dem gewohnten Futter gefüllte Fasanenfütterung sein.

Um die Winterverluste im Revier zu vermeiden, können die Fasane auch in einem Geschlechterverhältnis von einem Hahn zu zehn Hennen in der Voliere überwintern. Sie werden nur mit Weizen gefüttert, damit sie nicht verfetten.

Ein idealer Frühjahrs-Aussetz-Zeitpunkt ist, wenn die Vegetation so weit fortgeschritten ist, dass die Henne im Wintergetreide Deckung findet. Ab Ende März beginnen die Fasane mit der Eiablage. In der Voliere verteilen sie oftmals ihre Eier, ohne ein Gelege zu machen. Das ist allerdings kein Zeichen dafür, dass sie auch im Revier dieses unnatürliche Verhalten haben. Wenn man eine Henne in der Voliere belässt, wird sie sofort ein Gelege beginnen und dieses auch ausbrüten. Man kann das Geschlechterverhältnis in der Voliere bis auf einen Hahn auf 30 Hennen ausweiten, ohne dass die Befruchtungsrate absinkt. Fasanengelege auf diese Art zu retten, ist eine kleine Kompensation der Verluste durch die moderne Landwirtschaft und Raubwild.

Henne mit Fasanenküken im Auslauf. Bei Regen wird der Freilauf mit einer Ondulineplatte (Hintergrund) abgedeckt.

Juli: Die Hennen und die Fasanenküken laufen frei in der Voliere. Nahrung und Wasser werden auf Futterbrettern angeboten.

Autoren

Dr. Thomas Gehle

Leiter des Arbeitsbereichs Niederwild in der Forschungsstelle für Jagdkunde und Wildschadenverhütung, Landesamt für Natur, Umwelt und Verbraucherschutz NRW, Bonn, Mitglied des Wildbiologischen Beirats der WuH

Elmar Eickhoff

Revieroberjäger in verschiedenen Hoch- und Niederwildrevieren. Er arbeitete in der Niederwildforschung; Mitglied im Fachausschuss Niederwild des Bundes Deutscher Berufsjäger, WuH-Autor

Prof. Dr. Dr. Sven Herzog

Lehrstuhlinhaber der Dozentur für Wildökologie und Jagdwirtschaft an der Technischen Universität Dresden, Mitglied des Wildbiologischen Beirats der WuH

Sascha Schmitt

Revierjagdmeister, stellv. Leiter einer Jagdschule, Leiter eines Hoch- und Niederwildreviers, Deutsch-Kurzhaar-Züchter und WuH-Autor

Werner Kuhn

Landwirtschaftsmeister und Spezialist für Wildpflanzen, Entwickler zahlreicher Lebensraumprojekte für Niederwild, passionierter Flintenjäger und WuH-Autor

Peter Schmitt

WuH-Redakteur, zuständig für das Ressort Jagdpraxis, abgeschlossenes Forstwirtschaft-Studium, betreut die Fangjagd im WuH-Testrevier

Simon Obermeier

WuH-Redakteur, betreut das Ressort Wildbiologie, begeisterter Flugwildjäger und Flintenschütze

Wir danken den Experten der Deutschen Delegation des Internationalen Rates zur Erhaltung des Wildes und der Jagd (CIC) Joachim Wadsack, Rolf Baldus und Prof. Dr. Dr. Sven Herzog für ihr fachliches Lektorat. Des Weiteren Dr. Francis Buner und Dr. Carlos Sánchez vom Game & Wildlife Conservation Trust (GWCT) für ihren Beitrag zur Feldhuhnfütterung.

Impressum

Hase, Fasan, Rebhuhn – Richtig jagen, richtig hegen, Wild und Hund Exklusiv 45,
Paul Parey Zeitschriftenverlag GmbH,
Erich-Kästner-Str. 2, 56379 Singhofen,
Tel. +49(0)2604 978-0, Fax +49(0)2604 978-190
Internet: *www.wildundhund.de*
Postbank Hamburg 710 190-204
Amtsgericht Montabaur, HRB 23698

Verleger: Walterpeter Twer, Thorn Twer

Geschäftsführer: Thorn Twer, Christopher Pilger

Chefredakteur: Heiko Hornung

Herausgeber: Redaktion Wild und Hund

Redakteure: Simon Obermeier, Peter Schmitt

Layout: Graham Clarke, Sarah Puderbach

Titelfotos: Fasan und Rebhuhn von Eric Isselee, shutterstock.com; Hase von Ana Gram shutterstock.com

Anzeigenverkaufsleitung:
Kevin Cornwell, Tel. +49(0)2604 978-509, Fax +49(0)2604 978-6509

Vertriebsleitung: Helga Bartling

Marketing: Bircan Avci

Festbezug und Einzelbestellungen:
Paul Parey Zeitschriftenverlag GmbH
Erich-Kästner-Str. 2, 56379 Singhofen,
Deutschland

Kundenservice: Tel. +49(0)2604 978-777 (Mo. – Fr. 8 bis 18 Uhr), Fax: +49(0)2604 978-555
E-Mail: *kundenservice.shop@paulparey.de*

Preise: *www.pareyshop.de*; 9,00 € portofrei

Erscheinungsweise: 2 x jährlich

Vertrieb zum Handel: Axel Springer Vertriebsservice GmbH,
Süderstraße 77, 20097 Hamburg
Hotline Fachhandel: +49(0)40 34724354,
E-Mail: *paulparey@as-vertriebsservice.de*
Internet: *www.as-vertriebsservice.de*

Druck Lithographien: RR Donnelley Europa

Printed in Germany

ISSN 0948-1052 – 1052, ISBN 978-3-89715-045-4

Veröffentlichung gemäß § 9 Absatz 4 des Landesmediengesetzes Rheinland-Pfalz vom 4. Februar 2005: Wirtschaftlich beteiligte Gesellschafter mit einem Anteil von mehr als 5 v. H. des Kapitals der Paul Parey Zeitschriftenverlag GmbH sind Walterpeter Twer (55 Prozent), Thorn Twer (45 Prozent), alle Erich-Kästner-Strasse 2, D-56379 Singhofen.

Architekturwunder

Noch nie waren so viele Gebäudemodelle und weiteres Zubehör im Angebot wie heute. Aber auch die Vielfalt der Produktausführungen ist dank neuer Fertigungsverfahren gestiegen. Jede Fertigungstechnik hat ihre Stärken und Schwächen. Wir wollen daher drei Verfahren näher betrachten, die heute beim Angebot von Gebäude- und Industriemodellen geläufig sind: Der Spritzguss mit Polystyrol, das Schneiden von Bauteilen mit einem Laser und die in Resin gegossenen Modelle. Für den Zusammenbau aller drei Produktarten sind typische Werkzeuge und Handgriffe nötig, die sich zum Teil deutlich unterscheiden. Auch die Materialien ergeben unterschiedliche Oberflächen, weshalb nebeneinander stehende Modelle mit unterschiedlichen Materialien nicht immer harmonieren wollen – Grund genug, diesem Thema im Schwerpunkt die volle Aufmerksamkeit zu widmen.

Natürlich kann man seine Gebäude auch selbst bauen, vor allem verwitterte können als käufliche Produkte weniger überzeugen. Beim Selbstbau sind neben dem Handwerk auch Kreativität und Materialwissen gefragt.

Gleiches gilt auch beim Urmodellbau von Kleinserienmodellen. Hier benötigt man sogar Fähigkeiten, die einem Uhrmacher gleichkommen. Peter Drescher war so einer, der als Urmodellbauer für zahlreiche namhafte Firmen gearbeitet hat.

Auch der Landschaftsbau kommt erneut in dieser Ausgabe nicht zu kurz.

Viel Vergnügen beim Lesen der Artikel wünscht Ihnen Ihr

Markus Tiedtke
Verantwortlicher Redakteur

Titel Die Ruhrmodule beschäftigen sich mit Motiven aus dem Bergischen Land bis hin zum Ruhrgebiet und setzen sie auf Modulen in H0 um. Die meisten Häuser, Brücken und Industrieanlagen stammen aus dem umfangreichen Angebot des Herstellers Joswood, so auch die auf dem Bild zu sehenden gelaserten Modelle.
Foto: Markus Tiedtke

ab Seite 12

Plastik formgespritzt

Polystyrol-Bausätze sind der Klassiker unter den Modellbauwerken. Ihre Fertigung ist auf große Stückzahlen ausgelegt. Die benötigten Stahlwerkzeuge sind anfangs teuer.

ab Seite 66

Landschaften auf Matte

Im zweiten Teil begutachten wir eine typische Auswahl an Zubehör-Matten mit fertigen Graslandschaften.

„Bitte einsteigen!"

ab Seite 78

Oft benötigt man zwei Modelle, um eines mit geöffneten Türen darstellen zu können. Diese bilden dann die Basis für interessante Szenen rund ums Auto.